工信学术出版基金
Industry and Information Technology
Academic Publishing Fund

工业智能与工业大数据系列

U0217916

数据驱动设计

冯毅雄　谭建荣◎著

电子工业出版社·

Publishing House of Electronics Industry

北京·BEIJING

内 容 简 介

　　数据驱动的产品设计主要指的是，围绕产品交互数据进行建模和分析，从而挖掘事物的相关性和隐藏模式以协助产品设计的过程。随着大数据时代的到来，在整个产品生命周期中已经生成了许多有价值的数据。收集的产品数据包含大量的设计知识，有助于提高生产效率和产品竞争力。数据驱动的产品设计是一种有效且流行的设计方法，可以支持设计师做出明智的决策。本书将围绕数据驱动的产品设计，介绍设计知识数据的获取建模、挖掘和可拓派生技术，同时结合智能优化算法，分析数据驱动产品设计过程中的数据感知解析辨识、约束传递模糊适配、鲁棒学习可信评估、协同推理决策、多参数关联性能反演、多目标拓扑优化及异构设计数据集成技术等，为工程设计领域的从业人员了解相关数据驱动技术提供参考。

图书在版编目（CIP）数据

数据驱动设计 / 冯毅雄，谭建荣著. —北京：电子工业出版社，2022.10
（工业智能与工业大数据系列）

ISBN 978-7-121-42883-8

Ⅰ. ①数… Ⅱ. ①冯… ②谭… Ⅲ. ①数据处理—应用—产品设计 Ⅳ. ①TB472-39

中国版本图书馆 CIP 数据核字（2022）第 021997 号

责任编辑：刘志红　　　特约编辑：李　姣
印　　　刷：北京天宇星印刷厂
装　　　订：北京天宇星印刷厂
出版发行：电子工业出版社
　　　　　北京市海淀区万寿路 173 信箱　邮编：100036
开　　本：787×980　1/16　印张：16.75　字数：355.4 千字
版　　次：2022 年 10 月第 1 版
印　　次：2023 年 10 月第 2 次印刷
定　　价：168.00 元

凡所购买电子工业出版社图书有缺损问题，请向购买书店调换。若书店售缺，请与本社发行部联系，联系及邮购电话：（010）88254888，88258888。
质量投诉请发邮件至 zlts@phei.com.cn，盗版侵权举报请发邮件至 dbqq@phei.com.cn。
本书咨询联系方式：（010）88254479，lzhmails@phei.com.cn。

工业智能与工业大数据系列

编委会

前言

　　随着人工智能技术的发展，智能制造将计算机和信息科学技术集成到制造业中，以实现灵活、智能的制造过程，从而响应动态的市场需求。在智能制造的背景下，信息技术被深度地集成到先进的制造技术中。随着物联网和边缘计算等先进信息技术在制造业中的应用，产品全生命周期过程已经积累了大量有价值的数据。如何运用智能制造系统的资源数据来管理产品生命周期过程，对于增强制造业价值链具有重要意义。

　　数据驱动的产品设计主要包括根据产品和系统运行数据对产品和系统方案进行改进，可以实现生产过程的数字化，同时将用户、产品和生产过程联系起来以提高设计效率。产品设计数据可以提高管理能力和质量，根据市场需求及时调整方法，增加产品的吸引力。在用户体验方面，信息也可以及时反馈以满足要求。在产品使用过程中，对收集到的数据进行分析还可以增强对消费者的了解。作为研究基础，数据驱动的产品设计对产品创意和设计效率具有重要影响。

　　本书全面系统地讲述了与数据驱动的产品设计有关的理论、方法和智能系统的开发技术及应用案例。全书包括 12 章内容，介绍了设计知识数据的获取建模、挖掘和可拓派生技术，同时结合智能优化算法，分析了数据驱动产品设计过程中的数据感知解析辨识、约束传递模糊适配、鲁棒学习可信评估、协同推理决策、多参数关联性能反演、多目标拓扑优化及异构设计数据集成技术等，为工程设计领域的从业人员提供参考。

　　第 1 章，介绍数据驱动产品设计的基本概念及其研究现状，梳理了数据驱动产品设计的主要研究内容，包括：数据驱动的需求分析偏好感知、数据驱动的概念设计、详细设计中的数据建模和设计知识支持工具。

　　第 2 章，以产品设计知识获取为核心，介绍了产品设计实例知识的基本概念。同时，基于物元理论建立了产品设计实例信息模型，提出了事物元的形式化方法。

第 3 章，以产品设计知识数据挖掘技术为内涵，介绍了数据挖掘与产品设计知识的基本概念。基于粗糙集理论的应用，提出了产品设计规则知识的挖掘方法。

第 4 章，以产品设计知识派生为主体，介绍了产品构造模型知识的可拓集合和产品设计过程知识的可拓变换的基本概念。基于产品设计知识模型，提出了产品构造基本模型和产品设计过程蕴含设计知识的派生方法。

第 5 章，以产品期望性能为核心，介绍了产品期望性能闭环感知模型的基本概念。基于期望性能在设计域中的多重传递叠加，提出了基于状态感知的产品期望性能解析辨识技术。

第 6 章，以产品结构性能适配为核心，介绍了结构性能约束空间的基本概念。构建了以成本、质量及物理相容性为目标的性能适配数学模型，提出了基于约束水平的离散差分进化算法对带约束的适配过程进行多目标求解方法。

第 7 章，以产品预测性能分析为主体，介绍了性能分析过程的训练数据、回归模型与预测结果三个维度，提出了基于鲁棒学习修正的预测性能可信评估与校核技术。

第 8 章，以产品方案质量评价为核心，介绍了透平膨胀机质量控制方案评价的基本概念。进一步采用 Dempster/Shafer 证据理论来集结各个评价专家的不同评价结果，得到团队协调性决策意见，从而为透平膨胀机质量控制方案评价提供一种新的思路。

第 9 章，以产品结构参数关联为核心，介绍了多参数关联行为性能反演问题的基本概念。提出了一种将数值求解与多维几何结合的多参数关联行为性能反演技术，实现理论计算数据与实际测试数据的拟合。

第 10 章，以产品结构拓扑优化为主题，介绍了不确定性条件下产品结构的拓扑优化方法。提出了一种基于改进 TLBO 算法的产品结构拓扑优化求解技术，实现产品结构的设计在经济性与安全性间趋于一定平衡。

第 11 章，以产品设计数据集成为内涵，介绍了产品设计过程使能性能、知识多领域数据集成的基本概念。提出了适应产品设计过程使能性能、知识集成性能数据应用程序接口的体系结构、设计实现和访问方法，用来解决使能、性能知识多领域数据集成的问题。

第 12 章，以电除尘器设计知识演化管理系统、数据驱动的大型注塑装备设计系统、复杂锻压装备性能增强设计及工程应用、大型空分设备质量控制系统集成与实现等为例，介绍了大数据驱动的产品设计在重大装备产品中的应用案例。

撰写本书各章的作者如下：

第 1 章，谭建荣、冯毅雄；

第 2 章，马辉、谭建荣；

第 3 章，马辉、谭建荣；

第 4 章，马辉、冯毅雄；

第 5 章，郑浩、冯毅雄；

第 6 章，郑浩、冯毅雄；

第 7 章，郑浩、冯毅雄；

第 8 章，安相华、谭建荣；

第 9 章，魏喆、谭建荣；

第 10 章，田钦羽、冯毅雄；

第 11 章，魏喆、谭建荣；

第 12 章，谭建荣、冯毅雄。

全书由谭建荣、冯毅雄、娄山河、曾思远修改并统稿。

由于相关的研究工作还有待继续深入，加之受研究领域和写作时间所限，瑕疵和纰漏在所难免，在此恳请读者予以批评指正，并提出宝贵的意见，激励和帮助我们在探索数据驱动的产品设计理论与方法研究之路上继续前进。

本书研究内容得到国家重点研发计划项目（2020YFB1711700）、国家自然科学基金重点项目（52130501）的支持，特此感谢。

作　者

2022 年 9 月于求是园

目录

第1章 绪论 ··· 001

  1.1 引言 ··· 001

  1.2 数据驱动产品设计的基本概念 ·· 002

    1.2.1 产品数据的概念和特征 ·· 002

    1.2.2 数据驱动的产品设计过程 ··· 002

  1.3 数据驱动产品设计的发展概述 ·· 003

    1.3.1 数据驱动的需求分析偏好感知 ··· 003

    1.3.2 数据驱动的概念设计 ··· 004

    1.3.3 详细设计中的数据建模 ·· 006

    1.3.4 设计知识支持工具 ·· 007

  1.4 本书的篇章结构 ··· 008

第2章 产品设计知识获取建模技术 ·· 010

  2.1 引言 ··· 010

  2.2 产品设计实例知识的分解 ·· 011

  2.3 产品设计实例知识的形式化描述 ·· 012

    2.3.1 产品设计实例的一般描述方法 ··· 012

    2.3.2 物元理论及其形式化方法 ··· 014

    2.3.3 产品设计实例物元模型的建立 ··· 017

  2.4 产品设计实例的封装 ··· 022

2.4.1　产品设计事物元 ……………………………………………………… 022

2.4.2　关联信息的建立 ……………………………………………………… 028

第 3 章　产品设计知识数据挖掘技术 ……………………………………………… 030

3.1　引言 …………………………………………………………………………… 030

3.2　数据挖掘与产品知识信息 …………………………………………………… 031

3.2.1　数据挖掘的基本概念与主要技术 …………………………………… 031

3.2.2　可挖掘的产品知识信息 ……………………………………………… 033

3.3　基于粗糙集理论的产品设计规则知识挖掘 ………………………………… 034

3.3.1　粗糙集理论与数据挖掘 ……………………………………………… 034

3.3.2　产品设计规则知识的挖掘过程 ……………………………………… 039

3.4　产品设计规则知识综合 ……………………………………………………… 043

第 4 章　产品设计知识可拓派生技术 ……………………………………………… 044

4.1　引言 …………………………………………………………………………… 044

4.2　产品构造模型知识的可拓集合 ……………………………………………… 044

4.2.1　产品构造模型的共轭特性 …………………………………………… 045

4.2.2　基于共轭视图的产品基本构造模型描述 …………………………… 046

4.2.3　产品构造模型的知识拓展 …………………………………………… 048

4.3　产品设计过程知识的可拓变换 ……………………………………………… 057

4.3.1　产品设计过程知识蕴含系统的建立 ………………………………… 057

4.3.2　基于蕴含系统的变换派生 …………………………………………… 062

4.4　产品设计过程知识的递归 …………………………………………………… 064

第 5 章　产品期望性能数据感知解析辨识技术 …………………………………… 066

5.1　引言 …………………………………………………………………………… 066

5.2　产品期望性能闭环感知模型构建 …………………………………………… 067

5.3 不确定条件下的期望性能递推解析度量 ……………………………… 070

　　5.3.1 不确定性能语义分析与量化表达 ……………………………… 070

　　5.3.2 期望性能正向重要度解析与度量 ……………………………… 072

5.4 状态感知反馈的期望性能综合辨识计算 ……………………………… 074

　　5.4.1 期望性能服役状态感知反馈分析 ……………………………… 074

　　5.4.2 基于性能损失的反向重要度确定 ……………………………… 075

　　5.4.3 考虑互补关系的期望性能融合辨识 …………………………… 077

第 6 章　产品结构性能约束传递模糊适配技术 ………………………… 079

6.1 引言 …………………………………………………………………… 079

6.2 结构性能的约束空间分析 ……………………………………………… 080

　　6.2.1 性能约束的分类与表征 ………………………………………… 080

　　6.2.2 基于粗糙集的约束空间约简 …………………………………… 081

6.3 约束传递下关联相似度确定及设计空间缩减 ………………………… 084

　　6.3.1 功能—结构模糊相似度分析及度量 …………………………… 084

　　6.3.2 性能约束传递下设计空间过滤缩减 …………………………… 086

6.4 基于离散差分进化算法的性能适配模型求解 ………………………… 087

　　6.4.1 结构性能适配的数学模型构建 ………………………………… 088

　　6.4.2 基于约束水平关系的离散差分进化算法 ……………………… 089

　　6.4.3 约束满足偏差最小的方案排序筛选 …………………………… 092

第 7 章　产品预测性能鲁棒学习可信评估技术 ………………………… 094

7.1 引言 …………………………………………………………………… 094

7.2 产品多元设计变量降维 ………………………………………………… 096

　　7.2.1 互信息估计的多元设计变量筛选 ……………………………… 096

　　7.2.2 局部近邻分析的异常误差点判别 ……………………………… 097

7.3 基于鲁棒学习的产品预测性能回归拟合 ……………………………… 099

7.3.1 试验样本随机采样构建 ⋯⋯⋯⋯⋯⋯⋯⋯⋯⋯⋯⋯⋯⋯⋯⋯⋯ 099

7.3.2 基于最小二乘支持向量回归机的预测性能回归拟合 ⋯⋯⋯⋯ 100

7.3.3 回归模型鲁棒学习修正 ⋯⋯⋯⋯⋯⋯⋯⋯⋯⋯⋯⋯⋯⋯⋯⋯⋯ 103

7.4 基于区间估计的预测性能可信评估分析 ⋯⋯⋯⋯⋯⋯⋯⋯⋯⋯⋯⋯ 104

7.4.1 可信性能区间估计的数学描述 ⋯⋯⋯⋯⋯⋯⋯⋯⋯⋯⋯⋯⋯ 105

7.4.2 基于 Bootstrap 的预测性能可信度计算 ⋯⋯⋯⋯⋯⋯⋯⋯⋯ 105

7.4.3 预测性能全局灵敏度分析 ⋯⋯⋯⋯⋯⋯⋯⋯⋯⋯⋯⋯⋯⋯⋯ 106

第 8 章　产品概念方案协同推理决策技术 ⋯⋯⋯⋯⋯⋯⋯⋯⋯⋯⋯⋯⋯ 108

8.1 引言 ⋯⋯⋯⋯⋯⋯⋯⋯⋯⋯⋯⋯⋯⋯⋯⋯⋯⋯⋯⋯⋯⋯⋯⋯⋯⋯⋯ 108

8.2 产品概念方案模糊积分评价 ⋯⋯⋯⋯⋯⋯⋯⋯⋯⋯⋯⋯⋯⋯⋯⋯⋯ 111

8.2.1 透平膨胀机质量控制方案评价的基本问题描述 ⋯⋯⋯⋯⋯ 111

8.2.2 基于模糊 Choquet 积分的透平膨胀机方案质量耦合评价模型 ⋯⋯⋯ 112

8.3 产品概念方案集合的优劣排序 ⋯⋯⋯⋯⋯⋯⋯⋯⋯⋯⋯⋯⋯⋯⋯⋯ 115

8.4 产品概念方案证据推理团队协同评价 ⋯⋯⋯⋯⋯⋯⋯⋯⋯⋯⋯⋯⋯ 116

8.4.1 证据理论的基本概念 ⋯⋯⋯⋯⋯⋯⋯⋯⋯⋯⋯⋯⋯⋯⋯⋯⋯ 117

8.4.2 透平膨胀机质量控制方案的团队一致性决策模型 ⋯⋯⋯⋯ 118

第 9 章　产品结构多参数关联性能反演技术 ⋯⋯⋯⋯⋯⋯⋯⋯⋯⋯⋯⋯ 120

9.1 引言 ⋯⋯⋯⋯⋯⋯⋯⋯⋯⋯⋯⋯⋯⋯⋯⋯⋯⋯⋯⋯⋯⋯⋯⋯⋯⋯⋯ 120

9.2 产品结构多参数关联性能反演问题描述 ⋯⋯⋯⋯⋯⋯⋯⋯⋯⋯⋯⋯ 121

9.2.1 多维几何空间行为性能反演坐标系 ⋯⋯⋯⋯⋯⋯⋯⋯⋯⋯ 121

9.2.2 多参数关联行为性能反演目标分析 ⋯⋯⋯⋯⋯⋯⋯⋯⋯⋯ 125

9.3 多参数关联行为性能同伦反演算法 ⋯⋯⋯⋯⋯⋯⋯⋯⋯⋯⋯⋯⋯⋯ 127

9.3.1 多参数混合反演系统的建立 ⋯⋯⋯⋯⋯⋯⋯⋯⋯⋯⋯⋯⋯ 127

9.3.2 几何同伦行为性能反演实现 ⋯⋯⋯⋯⋯⋯⋯⋯⋯⋯⋯⋯⋯ 127

9.4 同伦两段分步的行为性能参数修正 ⋯⋯⋯⋯⋯⋯⋯⋯⋯⋯⋯⋯⋯⋯ 130

第 10 章　产品结构多目标拓扑优化技术 ·· 133

　10.1　引言 ·· 133

　10.2　产品结构多目标优化算法及其改进 ·· 134

　　　10.2.1　基本 TLBO 算法及其流程 ··· 134

　　　10.2.2　TLBO 算法自信度权重的改进设计 ·· 135

　　　10.2.3　TLBO 算法动态调整教学因子的设计 ······································ 136

　　　10.2.4　算法数值算例及对比 ··· 136

　10.3　产品结构拓扑优化数学模型 ·· 139

　　　10.3.1　拓扑优化问题变量描述 ··· 139

　　　10.3.2　拓扑优化数学模型与约束处理 ·· 139

　10.4　不确定性拓扑优化模型建立与求解 ·· 141

　　　10.4.1　可靠性拓扑优化模型构建 ··· 141

　　　10.4.2　可靠性拓扑优化模型求解流程 ·· 143

　　　10.4.3　稳健性拓扑优化模型构建 ··· 145

　　　10.4.4　稳健性拓扑优化模型求解流程 ·· 145

第 11 章　产品多领域异构设计数据集成技术 ·· 148

　11.1　引言 ·· 148

　11.2　产品设计使能性能知识集成需求 ·· 150

　　　11.2.1　使能性能知识多领域数据表现形式 ·· 150

　　　11.2.2　使能性能知识多领域数据集成约束 ·· 151

　11.3　使能性能知识多领域数据接口 ·· 152

　　　11.3.1　使能性能知识多领域数据组件接口语义描述 ·························· 152

　　　11.3.2　使能性能知识多领域数据组件接口系统模型 ·························· 155

　11.4　使能性能知识的多领域数据集成 ·· 156

　　　11.4.1　使能性能知识多领域数据组件接口实现 ·································· 156

11.4.2 使能性能知识多领域数据组件接口访问 ················ 158

第 12 章 大数据驱动的产品设计应用案例 ················ 160

12.1 电除尘器设计知识演化管理系统 ················ 160

12.1.1 引言 ················ 160

12.1.2 系统的应用背景与实施策略 ················ 160

12.1.3 系统的体系结构与功能模块 ················ 162

12.2 数据驱动的大型注塑装备设计系统 ················ 180

12.2.1 引言 ················ 180

12.2.2 大型注塑装备结构性能建模与结构设计实现 ················ 181

12.2.3 大型注塑装备行为性能反演与目标性能优化 ················ 188

12.2.4 大型注塑装备设计系统与使能性能数据集成 ················ 202

12.3 复杂锻压装备性能增强设计及工程应用 ················ 213

12.3.1 引言 ················ 213

12.3.2 系统的应用背景与体系架构 ················ 213

12.3.3 系统集成平台主要功能模块设计与实现 ················ 215

12.3.4 在 150MN 双动充液拉深液压机装备设计中的应用验证 ················ 226

12.4 大型空分设备质量控制系统集成与实现 ················ 232

12.4.1 引言 ················ 232

12.4.2 系统的应用背景与实施策略 ················ 232

12.4.3 HY-ASEQCS 系统的体系与功能模块 ················ 235

第 **1** 章

绪　论

1.1　引言

产品与外部世界（如用户、环境等）之间的交互过程，可能会产生大量数据，这些数据代表了产品与外部世界的联系特征。数据驱动的产品设计主要指的是围绕产品交互数据进行建模和分析，从而挖掘事物的相关性和隐藏模式，以协助产品设计的过程。数据驱动产品设计的目的是融合虚拟数字世界和真实物理世界，让决策者可以通过分析和挖掘产品数据发现隐藏的关系和规律。数据驱动的产品设计服务于整个产品生命周期，并根据系统操作的数据提高产品质量。数据驱动设计的研究内容集中在知识和数据挖掘技术，产品使用数据分析方法和客户偏好预测等方面。

数据驱动的产品设计主要包括根据产品和系统运行数据对产品和系统方案进行改进，可以实现生产过程的数字化，同时将用户、产品和生产过程联系起来以提高设计效率。产品设计数据可以提高管理能力和质量，根据市场需求及时调整方法，增加产品的吸引力。在用户体验方面，信息也可以及时被反馈以满足要求。在产品使用过程中，对收集到的数据进行分析还可以增强对消费者的了解。作为研究基础，数据驱动的产品设计对产品创意和设计效率具有重要影响。

1.2　数据驱动产品设计的基本概念

1.2.1　产品数据的概念和特征

随着人工智能技术的发展，智能制造将计算机和信息科学技术集成到制造业中，以实现灵活、智能的制造过程，从而响应动态的市场需求。在智能制造的背景下，信息技术被深度集成到先进的制造技术中。随着物联网和边缘计算等先进信息技术在制造业中的应用，产品全生命周期过程积累了大量有价值的数据。如何运用智能制造系统的资源数据管理产品生命周期过程，对于促进制造业价值链全面升级具有重要意义。

产品生命周期管理（PLM）是公司管理知识密集型流程的重要信息策略。产品生命周期贯穿了包括产品需求分析、设计、制造、销售、售后服务和回收利用整个过程。作为工业活动的关键组成部分，产品设计过程对产品生命周期具有重大影响。在产品设计的每个阶段都使用了各种知识和数据，包括产品计划、概念设计、结构设计和详细设计。在设计过程中，设计师通常花费一半以上的时间来组织设计知识和数据。因此，有效管理设计知识和数据是企业保持竞争力并减少产品开发时间的一种使能技术。

随着社会的发展，数据资源也在不断积累，并在各行各业中发挥着不可替代的作用。产品数据与产品的整个生命周期一起产生，并且是由产品、人与环境之间的相互作用产生的。产品数据主要有三个来源：互联网数字资源、网络物理系统和科学实验。在智能设计时代，通过使用能满足客户需求的匹配功能，形成终端记忆和模拟学习来预测客户的喜好，这类似于人脑的思维功能。作为产品设计和开发的重要因素，在产品的整个生命周期中，数据已经处于不可替代的位置。

1.2.2　数据驱动的产品设计过程

在产品设计过程中，设计师借助各种产品数据做出设计决策，并将一组功能需求转换为特定的实现结构。产品设计是一个复杂的迭代过程，包括产品的原理方案设计、总体设计，以及详细的方案设计。每个设计任务都有明确的分工，并且每个任务通常可被分解为由许多子任务组成的子流程。设计任务需要迭代重复，在此过程对数据支撑的需求很大。产品设计过程包括四个主要阶段：计划与任务分工、概念设计、结构设计和详细设计。产品设计过程的每个阶段都有其特定的活动，涉及不同的员工和部门，由此会生成大量数据。下面介绍与需求分析、概念设计和详细设计有关的产品数据。

（1）需求分析：在此阶段，根据客户和市场数据的需求，分析关键客户的偏好并将其正确地转换为适当的产品属性和特征，有效捕获和筛选客户偏好数据是需求分析的重点。需求分析涉及的数据包括客户评论、满意度和网络上的视频等。

（2）概念设计：在此阶段，通常建立基于数据的产品概念设计模型，结合概念设计过程，从数据中获取相关知识，从而辅助产品概念设计。在建立功能结构并寻找合适的工作原理后，将解决方案组合成一个工作结构。概念设计涉及的数据包括产品功能数据、产品结构数据和设计替代数据等。

（3）详细设计：在此阶段，根据产品数据信息，对产品开发过程进行建模。产品建模中的数据描述了基于需求创建产品解决方案的过程，可以支持设计过程的仿真验证。详细设计涉及的数据包括产品外观数据、产品配置数据和设计参数数据等。

1.3 数据驱动产品设计的发展概述

1.3.1 数据驱动的需求分析偏好感知

需求分析是指通过一定的方法获取客户需求信息，然后根据客户需求数据的重要性及其对产品设计的影响进行筛选的过程。制造产品的最初动机是满足客户的需求，客户需求是数据驱动产品设计的直接动力。随着大数据、物联网等技术的发展，数据驱动的客户偏好感知成为研究热点。客户需求分析方法倾向于使用一些智能分析和数据处理方法来满足客户需求。当今企业面临的市场已从单一、稳定的市场转变为要求产品具有差异化、多样化特性的细分市场。企业要想长久生存，就必须准确把握客户的需求，生产出符合客户需求的产品。因此，面对庞大的数据生成环境和竞争激烈的市场形势，设计工程师必须考虑客户的各种偏好和要求。

客户偏好数据可以根据各种数据源获得，如客户反馈、网络爬行和公司数据库。在激发和分析需求数据的过程中，对客户需求的理解和假设对产品设计和制造在质量、交付周期和成本方面具有重要影响。因此，有效地捕捉关键客户偏好和需求，系统地分析并适当地将它们转换为合适的产品属性和特性是需求分析的重点。

正确识别和预测产品特征是进行需求分析的基础。需求预测的前提是通过一定的方法获取客户需求数据，这也是数据驱动产品设计中比较耗时的一部分。传统的客户需求的获取主要以问卷的形式进行。随着互联网和大数据技术的应用，客户需求的获取正变得更加智能、方便和快捷。在获取客户需求数据后，结合产品生命周期各阶段的数据，对客户需求进行分析和补充。为了更好地满足客户需求和理解客户的各种异构需求，有必要对客户需求数据进行分类。随着客户需求数据的爆炸性增长，需求分类方法也不再仅限于传统类别，目前大多使用模糊聚类和数据挖掘方法进行需求分类处理。

收集到的客户需求数据不仅包括顾客对产品功能的要求，还包括客户对产品性能的要求。在进行客户需求转换和映射时，主要包括客户需求重要性的确定和客户需求功能特征的映射。预测产品特征的未来重要性权重对数据驱动的产品设计有重大影响，因为它会显著影响工程需求的目标值设置。确定客户需求的重要性是客户需求预测和综合分析过程中的关键部分。当前，确定客户需求重要性的方法很多，主要包括专家评估方法、层次分析法（AHP）、模糊分析法（FAM）、特征分析法和质量功能展开法（QFD）。通常，在使用过程中是将多种方法结合使用。客户需求和产品设计参数的数据驱动相关性分析可以帮助预测和感知客户需求偏好，这已成为一个热门的研究方向。客户需求到产品特性的映射是产品设计的一个关键方面，用于将客户需求数据转换为易于理解的产品工程特征。除了上面提到的需求转换方法，QFD 对设计人员来说是更有用的工具。QFD 是一种集成的决策方法，可确保并提高设计过程元素与客户需求的一致性。QFD 需求转换的关键是使用质量屋建立客户需求数据与技术特征之间的关系矩阵，并通过矩阵转换将客户需求数据转换为产品技术特征。

1.3.2 数据驱动的概念设计

产品概念设计是面向设计需求的一系列迭代、复杂的工程过程，它通过建立功能行为关联来寻找正确的组合机制，确定基本求解路径，并生成设计方案。新产品开发的成功与否取决于概念设计阶段的设计概念生成。企业需要在不增加生产成本和产品开发周期的前提下，快速生产满足消费者多样化和个性化需求的新产品。产品概念设计是解决这些问题的关键步骤之一，而产品数据的使用效率是影响产品概念设计效率的主要因素。

在大数据时代背景下，数据在产品概念设计中发挥积极作用。大多数消费群体的需求可以从大量的产品数据中分析出来，从而减少了概念设计的模糊性。产品数据包含丰富的设计知识，可以提高概念设计的效率和设计方案的创新性。数据的其他方面包括许多有助于设计过程的方法论经验。在产品概念设计中，设计者往往需要依靠自己的设计经验，找到相关的设计知识来解决设计问题。有时在遇到新问题时，仅靠设计者自身的知识和经验很难解决问题，而这会导致设计效率低下。数据驱动的产品概念设计不仅可以减轻设计人员的工作量，而且可以提高产品设计质量。

在产品概念设计阶段，需要解决的问题包括设计概念、功能需求等高层抽象表达，以有效捕捉思维的演变。因此有必要生成实现设计功能的基本物理结构，以便明确表达设计意图。产品概念设计方案的生成过程是一个从模糊需求到特定结构的映射过程，产品概念设计中的功能推理方法侧重于功能层面，以生成和评估特定设计问题的解决方案。推理过程中涉及大量的实际数据。许多学者将数据处理技术引入概念设计，形成了一系列数据驱动的功能推理方法。对设计知识和数据重用的需求推动了基于实例推理法（CBR）在产品设计领域的发展和应用。CBR 通过将过去相似问题的解决方案关联起来，并通过对其进行适当的修改来解决新问题，这与人类的决策过程类似。CBR 通过有效地组织和利用原有的设计知识和数据，克服了一般智能系统中知识获取的瓶颈。智能算法可以处理特定的产品数据，因此引入智能算法可以更好地执行推理过程。神经网络具有自组织和自学习的能力，可以解决分类任务和联想记忆的重新获得。在功能推理中，神经网络可以处理不充分且容易被更改的数据，用于提取和表达知识。混合推理是两种或多种推理技术的结合，通过一定的信息交换和相互协作，生成概念设计优化方案，有效地解决了单一推理方法的不足。概念设计方法学、信息建模和人工智能技术的发展为混合推理技术的实现提供了良好的平台。

通过对产品功能设计、原理解和原始理解的结合，得到多个产品原理解。概念设计的目标是选择一个令人满意的设计方案，并在随后的详细设计阶段进一步细化方案。概念设计方案的决策是在方案生成阶段对生成的多个候选方案进行评价和比较，以选出最优的概念设计方案。在此阶段，通过设定合理的评价目标，选择合适的评价方法和决策方法，对最优原则方案进行优化。方案决策需要考虑的因素包括功能因素、制造、可靠性、安全性等经济社会要求。由于决策过程受评价数据的多样性、模糊性、不确定性等诸多因素的影响，合理的评价指标和权重数据是概念方案决策的关键。数据驱动的方案决策通过选择和分析选定的数据对象来提供决策支持信息。以产品类型和产品元素作为数据驱动的影响因素和阈值权重，实现对产品设计方案的决策。产品类型是基于数据的价值创新，源于对用户数据的挖掘。产品元素的获取基于数据聚类，是一个集成、分析和归纳的过程，表示某一类用户的相关特征。这些特征是相互关联的，是用户之间相互理解和交流的纽带。常用的经典决策方法有线性加权法、相似理想解排序法（TOPSIS）和层次分析法等。随着研究的深入，学者们引入了灰色理论、粗糙集理论等其他数学分析方法，改进了经典的多属性决策方法，拓宽了多属性决策的思路，并提出了灰色关联评价法、模糊综合评判法等多属性决策方法。随着数据分析和数据驱动方法在产品设计中的应用，机器学习、神经网络等方法也逐渐被用于产品设计方案的评价和决策。

1.3.3　详细设计中的数据建模

20 世纪上半叶，模型在工程设计中得到了广泛的应用，数学模型几乎涵盖了工程产品的方方面面。从设计的物理表示和图形模型开始，然后是模拟模型，或者使用一种事物来表示另一种事物。设计问题可以用不同的方式建模和表示，以帮助设计师工作。产品数据信息的符号模型是由符号关联约束下的一组符号组成的。设计过程模型是设计过程的抽象表达，可以清晰地表示设计数据和知识，描述设计变量及其转换关系。随着传感器和数据存储技术的发展，产品数据呈现出大容量、多类型、多采样率的新特点，给建模和应用带来了困难。数据挖掘和数据库技术为数据驱动建模方法在产品设计中的开发和应用提供了强有力的技术支持。产品建模中的数据描述了基于需求创建产品解决方案（如候选设计和制造过程）的原因和方式的基本原理。当更改需求或识别新需求时，设计人员可以使用产品数据修改现有的解决方案或创建新的解决方案。在产品数据的各个方面，产品设计数据在基于计算机的产品开发系统的开发中起产品建模的关键作用。近年来，数据建模已经成为学术界和工业界的研究热点，在建模语言和建模方法上都取得了重大发展。

根据产品高度分布和可重构的特点，数据驱动的建模语言可以分为本体建模语言和面向对象的建模语言。本体建模语言用于构造语义丰富的产品模型，使用最广泛的本体语言是本体网络语言（OWL），它通过提供额外的词汇和形式语义来提高 Web 内容的机器解释能力。OWL 用于应用程序需要处理文档中包含的信息，可以用来清楚地表示词汇表中术语的含义及这些术语之间的关系。面向对象的建模语言采用面向对象的编程思想，包括实例化、继承、封装和多态性等，对产品数据进行建模。它们包括许多流行的建模语言，如在面向对象的设计和分析中常用的统一建模语言、STEP 中用来表示产品数据的 EXPRESS 及其图形表示格式 EXPRESS-G.Szykman 等。

基于本体的产品建模是一种非常流行的建模方法。通过基于产品功能的建模，可以在提供设计功能的同时确定合适的产品。功能建模提供了一种抽象但直接的方式来理解和表示整个产品功能。功能建模还可以战略性地指导设计活动，如问题分解、物理建模、产品体系结构、概念生成和团队组织。通过基于产生式规则的建模方法，可以在新的需求出现时识别出合适的产品进行设计。

1.3.4 设计知识支持工具

知识是信息和数据收集的整合，与产品设计过程相关的数据包含了大量的知识。产品设计是一个不断扩展和优化设计知识的过程。知识可以结构化并存储在知识库中，便于设计知识的组织和管理。知识库系统可用于知识和数据的存储、管理和重用。产品数据驱动的设计知识库和实例库作为信息支持的基础，包括设计原则和规范、设计标准和方法及专家经验。有效的构造可以帮助设计者管理产品设计实例信息，提高产品设计效率。随着设计过程的继续，数据不断产生并转化为设计知识。通过数据的结构化处理和存储，促进了知识的积累和产品设计的改进。

为了克服数据库模型在知识表达能力方面的不足，有必要加强数据库的语义构件。将领域专家的所有知识集合起来并转化为知识库中的知识实现起来十分困难，因此知识开发的思想也从转换转向了建模。在知识库系统的建模框架中，KADS 方法是构建知识库系统的结构化方法的集合。它的关键组件之一是通用推理模型库，它可以应用于给定类型的任务。基于模型和增量知识工程方法用于开发基于知识的系统，该系统将半规范和形式化规范技术与原型技术集成到一个一致的框架中。Protégésystem 是一个持久的、可扩展的知识系统开发和研究平台，它可以在各种平台上运行，并支持定制的用户界面扩展，包括开放式知识库连接知识模型。

产品数据驱动的设计知识库有效地支持了设计过程建模和设计对象建模中的知识重用。设计知识的管理和重用可以提高产品设计的效率和质量。在知识经济时代，有效利用企业积累的知识对保持企业竞争力有至关重要的作用，特别是对产品设计公司这类知识密集型企业。数据驱动设计支持工具作为应用的延伸，集成了设计知识库、实例库、数据库和产品模型，帮助设计人员在设计初期信息不完全的情况下对产品结构和参数进行优化。借助计算机辅助技术和产品数据管理，目前的数据驱动设计工具注重环境集成和界面关联，极大地方便了产品开发过程。

1.4　本书的篇章结构

本书全面系统地讲述了与数据驱动的产品设计有关的理论、方法和智能系统的开发技术及应用案例。全书正文共包括 12 章内容，第 1 章介绍了数据驱动的产品设计绪论部分，第 2 章至第 11 章着重讲述了智能设计有关的最新具体方法，第 12 章则主要讲述了与智能设计有关的具体案例。

第 2 章以产品设计知识获取为核心，介绍了产品设计实例知识的基本概念。同时基于物元理论建立了产品设计实例信息模型，提出了事物元的形式化方法。

第 3 章以产品设计知识数据挖掘技术为内涵，介绍了数据挖掘与产品设计知识的基本概念。基于粗糙集理论的应用，提出了产品设计规则知识的挖掘方法。

第 4 章以产品设计知识派生为主体，介绍了产品构造模型知识的可拓集合和产品设计过程知识的可拓变换的基本概念。基于产品设计知识模型，提出了产品构造基本模型和产品设计过程蕴含设计知识的派生方法。

第 5 章以产品期望性能为核心，介绍了产品期望性能闭环感知模型的基本概念。基于期望性能在设计域中的多重传递叠加，提出了基于状态感知的产品期望性能解析辨识技术。

第 6 章以产品结构性能适配为核心，介绍了结构性能约束空间的基本概念。构建了以成本、质量及物理相容性为目标的性能适配数学模型，提出了基于约束水平的离散差分进化算法对带约束的适配过程进行多目标求解。

第 7 章以产品预测性能分析为主体，介绍了性能分析过程的训练数据、回归模型与预测结果三个维度，提出了基于鲁棒学习修正的预测性能可信评估与校核技术。

第 8 章以产品方案质量评价为核心，介绍了透平膨胀机质量控制方案评价的基本概念。进一步采用 Dempster/Shafer 证据理论集结各个评价专家的不同评价结果，以此得到团队协调性决策意见，从而为透平膨胀机质量控制方案评价提供一种新的思路。

第 9 章以产品结构参数关联为核心，介绍了多参数关联行为性能反演问题的基本概念。提出了一种将数值求解与多维几何结合的多参数关联行为性能反演技术，实现理论计算数据与实际测试数据的拟合。

第 10 章以产品结构拓扑优化为主题，介绍了不确定性条件下产品结构的拓扑优化方法。提出了一种基于改进 TLBO 算法的产品结构拓扑优化求解技术，使产品结构的设计在经济性与安全性间趋于一定平衡。

第 11 章以产品设计数据集成为内涵，介绍了产品设计过程使能性能知识多领域数据集成的基本概念。提出了适应产品设计过程使能性能知识集成性能数据应用程序接口的体系结构、设计实现和访问方法，用来解决使能性能知识多领域数据集成的问题。

第 12 章以电除尘器设计知识演化管理系统、数据驱动的大型注塑装备设计系统、复杂锻压装备性能增强设计及工程应用、大型空分设备质量控制系统集成与实现等为例，说明了大数据驱动的产品设计在重大装备产品中的应用。

第**2**章

产品设计知识获取建模技术

2.1 引言

产品设计是一个非常复杂的过程，它集合了多种学科与领域的专门知识和丰富的实践经验的支持，需要通过设计知识的分析与综合，才能完成合理的设计。在一个产品的设计过程中，设计人员常常会参考以往已经设计成功的同一类型产品的结果或经验，并将这些结果或经验应用于新产品的设计过程中。因此，对已有设计知识的积累和有效组织显得极为重要，这既是自身知识重用的需要，又是对并行设计环境下功能驱动的产品设计的支持。也就是说，首先要解决的问题就是设计知识的获取。

目前普遍采用的设计知识系统，大部分运用规则来建立设计知识的获取模型。然而，并不是所有的设计知识都适合用规则和逻辑来表示。产品的设计活动是一个与设计者的思维方式、设计习惯等密切相关的认知过程。因此，设计者不可能完全了解其中的复杂机理，也很难建立起一个精确的模型进行模拟。通过设计实例来获取针对具体设计行为的参考，在产品的设计过程中极为有效。因此，基于实例的产品设计知识获取就成为一种非常必要的设计知识处理方法。

随着计算机技术的不断发展，产品设计过程中对于已有设计实例中设计知识的获取也更多地依赖于设计实例的信息建模。本章从对产品设计实例的分解入手，通过物元理论建立了产品设计实例信息模型，并通过事物元的形式化方法，将设计实例的描述层次从设计结果提升到设计过程。

2.2　产品设计实例知识的分解

　　产品设计实例主要包含设计需求、设计任务和设计方案三部分内容。其中，设计需求可以分为产品性能需求、设计制造成本约束及产品应用环境约束等；设计任务可以分为产品功能设计任务、产品结构设计任务及产品设备设计任务等；设计方案最终形成的设计结果，是对设计需求的满足及对设计者期望的实现。如果在一个设计实例中把所有影响产品设计的因素都考虑进来并加以表达，这样不但烦琐，而且也十分困难；此外，使用大量的影响因素来表达一个设计实例不利于它在产品设计后继阶段的应用，如设计知识挖掘、设计知识派生及设计知识进化等，这同样也会降低设计知识获取的有效性。

　　一个有效的解决方法就是对设计实例进行分解，从建立子设计实例，并通过关联信息将这些子设计实例存放于数据库中。在产品设计过程中遇到实际问题时，可将把待解决的问题分解成若干个有机联系的子问题（子任务），再从实例库中分别搜索这些子问题所对应的解决方案，然后再对搜索到的解决方案进行综合处理，从而形成最终的解决方案。这样既有效地提高设计实例获取建模系统的性能，也使设计实例在以后产品设计中的重用更具有灵活性。

　　设计实例的分解描述对产品设计过程中的实例应用是非常有利的，因为在许多产品设计中，只需对类似设计方案中的某些部分做相应的修改或从某一设计实例中提取相应部分进行替换即可。在这种情况下，依据分解模型可方便地提取设计实例，灵活地修改设计实例，柔性地组合设计实例，从而综合成新的产品设计解决方案。更重要的是，对于大型设计问题，设计实例的收集通常是十分困难的，而且数量也不充分；而采用设计实例分解的方式可以很容易地获得许多子实例。这样，通过子实例解决方案的综合就有可能在实例不充分的情况下得到有效的设计方案。

　　以某电除尘器设计为例，来描述具体设计实例的分解过程，如图 2.1 所示。

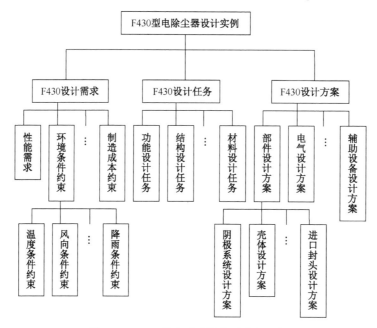

图 2.1　F430 型电除尘器设计实例分解

2.3　产品设计实例知识的形式化描述

2.3.1　产品设计实例的一般描述方法

产品设计实例的描述问题是构造产品设计知识获取系统中最首要的问题，是进行设计实例检索、设计实例调整和设计实例组合的基础，其结构和内容将直接影响整个获取系统的性能，目前主要的设计实例描述方法有以下几种方式。

1. 基于特征的设计实例表示方法

基于特征的设计实例表示方法常常被用于有工程语义的产品部件或零件中，它不仅能够反映设计实例所包含的信息，还可以通过相互间的拓扑关系形成特定组合。

基于特征的设计实例表示方法一般从以下几个方面描述设计实例。

（1）形状特征：形状特征可以分为主形状特征和辅形状特征。其中主形状特征用以构造设计的主体形状，辅形状特征用于对主形状特征的局部修饰。可以通过组合的方式来描述复杂形状特征的设计实例。

（2）精度特征：用于表达设计实例各要素的尺寸公差、形状公差、位置公差和表面粗糙度等精度要求信息。

（3）管理特征：用于描述设计实例的管理信息，如设计者、编码、与其他设计实例及产品之间的借用与通用关系等。

（4）技术特征：用于描述设计实例的材料的类型、表面处理及热处理等技术信息集合。

（5）装配特征：用于表达设计实例在装配过程中所需的信息，如与其他零部件的配合等关系。

同时，特征之间还有相互关系描述，如反映主形状特征之间的空间相互位置关系的邻接关系；描述辅形状特征从属于一个主形状特征或另一个辅形状特征时构成的附属关系；描述特征类之间关联属性而相互引用的引用关系；描述不同层次特征之间的继承关系等。

2．基于抽象原型的设计实例表示方法

一个设计实例往往是具体的、复杂的，基于抽象原型的设计实例表示方法就是在原有实例的基础上加以抽象，形成抽象类的设计实例原型，而设计实例是设计实例原型的具体化，两者的表达具有同构性。因此，对设计实例原型的描述可采用具有类—成员继承关系表达能力的语言形式来描述。

设计实例原型中所包含的主要设计知识为归纳性设计知识，这些归纳性设计知识与描述设计实例原型的结构信息可以有机地结合起来，因为这些设计知识是针对与设计实例原型对应的产品的结构设计的，此外，这种结合还有利于设计知识的维护和推理效率的提高。同时，设计实例原型具有层次分解结构，将一个复杂产品系统分解成相对简单的子系统，子系统还可再分解成更简单的子系统，形成一棵设计分解树。这种表达不仅有利于实例整体的利用，而且有利于实例内部子实例的利用；不仅可以支持产品总体设计，还可以支持产品部件的设计和综合。

3．面向对象的设计实例表示方法

面向对象技术是近十年发展起来的一种新颖、具有独特优越性的新方法，面向对象方法（Object-Oriented Paradigm，O-O）的发展影响并推动了一系列高新技术的发展和多学科的综合。面向对象方法的主要特点在于它通过对对象的封装和继承，实现系统设计在一定程度上的重用。

采用面向对象技术的方法来描述设计实例是一种高效、高重用性的表示方法。设计实例概念与设计实例的关系是类和对象的关系，设计实例概念中定义了设计实例的共性和处理方法，用设计实例概念表示抽象的设计实例类，具体的设计实例是设计实例类（设计实例概念）的对象。基于面向对象技术采用框架和规则混合的表达方式来描述设计实例，一个设计实例即为一个对象，一个对象可由框架进行描述，框架的槽用于描述该对象的属性，框架包括属性槽、规则槽和方法槽几类，如规则和以数据驱动的方法体被封装在对象体中。设计实例的属性表达分为两个部分：设计实例概念特征和设计实例物理参数。属性槽描述这些设计实例的特征和参数，设计实例概念特征槽描述设计实例对应的设计问题的初始约束条件、设计目标及满足设计要求；设计实例物理参数槽描述设计实例的结构参数和设计结果。设计实例的规则槽主要描述设计实例修改的规则知识。设计实例的方法槽主要描述设计实例操作的方法和过程。基于规则和方法对相似设计实例进行设计修改，从而支持新产品的设计。

这些设计实例的形式化方法，在一定程度上实现了设计知识的获取。但是还没有实现在语义和知识两个层次建立统一的描述信息模型，且尚未能对各种概念及其相互关系进行规范化描述和明确的显示表达。本章引入物元这一形式化工具来实现产品设计知识获取是解决上述难题的有效途径。

2.3.2 物元理论及其形式化方法

物元理论是描述事物的一种方法，它将事物、特征及相应的量值构成一个三元组。人们在处理问题的时候，通常需要将事物、特征及相应的量值一起进行考虑，才能构思出解决矛盾问题的方法，同时可以更贴切地描述客观事物的变化过程，把解决问题的过程形式化。

1. 物元的定义

给定事物的名称为 N，它关于特征 c 的量值为 v，以有序三元组 $\boldsymbol{R}=(N,c,v)$ 作为描述事物的基本元，简称物元。把事物的名称、特性和量值称为物元三元素。一个事物有多个特征，如果事物 N 以 n 个特征 $c_1,c_2,\cdots,c_n$ 和相应的量值 $v_1,v_2,\cdots,v_n$ 来描述，则可表示为：

$$R=\begin{bmatrix} N, & c_1, & v_1 \\ & c_2, & v_2 \\ & \vdots & \vdots \\ & c_n, & v_n \end{bmatrix}=\begin{bmatrix} R_1 \\ R_2 \\ \vdots \\ R_n \end{bmatrix} \qquad (2\text{-}1)$$

此时称为 n 维物元，记为 $R=(N,c,v)$。

物元将事物、特征和量值放在一个统一体中考虑，使人们处理问题时既要考虑量，又要考虑质。同时，物元中的事物有内部结构，物元三个要素的变化和事物内部结构的变化会使物元产生变化，因此物元也是描述事物可变性的基本工具。

2．物元三要素

1）事物

物元概念中事物 N 指事物的名称，简称为事物。按照事物的属性，事物可以分为个事物和类事物。例如，电梯、传动系统、零件等都是类事物；而电梯 A、电梯 A 的传动系统、电梯 A 传动系统中零件 C 则是个事物。

2）特征

凡是表示事物的性质、功能、行为状态及事物与事物之间关系等征象的都是事物的特征。一个事物可以通过各种各样的特征来体现。例如，汽车有尺寸、车身颜色、玻璃材质、加速性能等特征。特征的全集记为 $\hbar(c)$。

根据解决问题的需要，可以将特征分为三类：

（1）功能特征：描述事物的作用和用途，如运输能力、发光程度、工作效率等。

（2）性质特征：描述事物的性质，如导电率、酸碱度、加速度等。

（3）实义特征：描述事物的实体，如长、宽、高、质量等。

3）量值

事物关于某一特征的数量、程度或范围等称为该事物关于这一特征的量值。量值可分为数量化量值和非数量化量值。用实体及某一量纲来表示的量值称为数量化量值，如 30mm，80kg 等。不是用实数来表示的量值称为非数量化量值，如红色、甲级、适用等。非数量化量值可以通过数量化变为数量化量值，以便于进行定量计算。

3．量域、量值域、同域特征

1）量域

给定特征 c，它的量值的取值范围被称为 c 的量域，记为 $V(c)$，如

$$V(长)=(0,+\infty) \tag{2-2}$$

$$V(温度)=(-273℃,+\infty) \tag{2-3}$$

$$V(颜色)=(红，黄，\cdots，白) \tag{2-4}$$

2）量值域

特征 c 的量域 $V(c)$ 的一部分被称为量值域，记为 V_0，显然

$$V_0 \subset V(c)$$

例如，卡车是一个类事物，它们关于长度的取值范围是 $V_0=(0m, 4m)$，V_0 就是量值域，而长度的量域则是 $(0,+\infty)$。

3）同域特征

若特征 c_1 和 c_2 的量域相同，即 $V(c_1)=V(c_2)$，则称特征 c_1 和 c_2 是同域特征，如 $V(长)=V(宽)$。

4．事元

用物元来描述物非常方便、准确，但描述行为时却显得较为烦锁。为此，本书引入以动词（如表示动作、行为、发展、变化的词）为中心词，由动词、动词的特征及相应的量值构成的有序三元组作为描述事情的基本元，称为事元。

把行为、行为的特征及相应的量值构成的有序三元组 $\boldsymbol{I}=(d,h,u)$ 作为描述事情的基本元，称为事元。如果行为 d 以 n 个特征 $h_1,h_2,\cdots,h_n$ 和相应的量值 $u_1,u_2,\cdots,u_n$ 描述，则表示为：

$$\boldsymbol{I}=\begin{bmatrix} d, & h_1, & u_1 \\ & h_2, & u_2 \\ & \vdots & \vdots \\ & h_n, & u_n \end{bmatrix}=\begin{bmatrix} I_1 \\ I_2 \\ \vdots \\ I_n \end{bmatrix} \tag{2-5}$$

称 I 为 n 维物元，简记为 $\boldsymbol{I}=(d,h,u)$。

5．物元及事元模型的特点

物元（包括在其基础上的事元）形式化方法被提出以后，在越来越多的领域得到了应用，它具有其他模型所不具备的优势与特点，主要表现在以下几方面。

（1）物元模型作为描述问题最基本的概念，可以成为描述知识的逻辑细胞，在它身上也孕育着从低级到高级，从简单到复杂的可能性，它可以更贴切地描述客观事物的变换过程。

（2）物元模型是将事物的质与量联系起来共同研究的，现实中任何存在的量，都是在一定质的基础上，或者是与一定的事物的属性和特征相结合的具体的量。

（3）物元模型具有内部结构及内部结构的可变性，因此，通过物元的变换可以描述人们为解决问题而进行的平行性、整体性和变通性的活动。

2.3.3　产品设计实例物元模型的建立

产品设计实例物元模型是基于层次的模型，在产品设计实例的设计知识获取中，首先需要建立的是产品层次的设计实例物元模型，用以描述产品的基本信息与特性，其物元形式可表示为：

$$\begin{bmatrix} \text{Case\_Product,} & \text{Identify\_Attrib ,} & v_1 \\ & \text{Fullname\_Attrib,} & v_2 \\ & \text{Customer\_Info,} & v_3 \\ & \vdots & \vdots \end{bmatrix}$$

其中，Identify_Attrib 表示所属产品设计实例的标识码属性，标识码是设计实例唯一性的标识，是计算机存储、管理和检索的索引。

Fullname_Attrib 表示所属产品设计实例的名称属性，名称属性是产品完整的名称信息。

Customer_Info 表示所属产品设计实例的客户信息属性，客户的基本信息可以用子物元的形式表示，记录所有归类的客户。

根据 2.2 节中对产品设计实例知识的分解及 2.3.1 节中物元及事元模型的提出，可以将产品设计实例物元模型分为三个部分：产品设计需求物元模型、产品设计任务事元模型和产品设计方案物元模型。

1．产品设计需求物元模型

产品设计需求本身包含了多种信息，包括客户对产品性能上的要求、产品设计环境条件及产品制造成本约束等。通过物元模型，可以将这些设计需求依照统一物元（子物元）的形式进行表示，如图 2.2 所示。

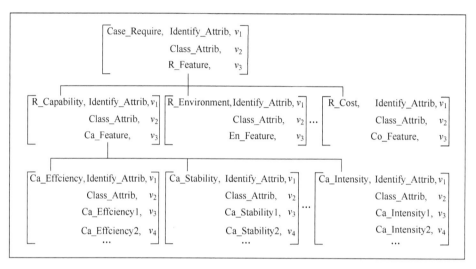

图 2.2　产品设计需求物元模型

其中，

$$\begin{bmatrix} \text{Case\_Require,} & \text{Identify\_Attrib,} & v_1 \\ & \text{Class\_Attrib,} & v_2 \\ & \text{R\_Feature,} & v_3 \end{bmatrix}$$

是产品设计需求的一阶层次，层次信息在 Class_Attrib 中加以说明。R_Feature 是指设计需求具体包含的特征，通常用子物元的形式描述。

例如，图 2.2 中的

$$\begin{bmatrix} \text{R\_Capability,} & \text{Identify\_Attrib,} & v_1 \\ & \text{Class\_Attrib,} & v_2 \\ & \text{Ca\_Feature,} & v_3 \end{bmatrix}$$

是针对 R_Feature 的一个子物元，用来描述与性能相关的设计需求，层次信息在 Class_

Attrib 中加以说明。同时，Ca_Feature 是指性能要求指标，可以用子物元的形式描述。

$$\begin{bmatrix} Ca\_Effciency, & Identify\_Attrib, & v_1 \\ & Class\_Attrib, & v_2 \\ & Ca\_Effciency1, & v_3 \\ & Ca\_Effciency2, & v_4 \\ & \cdots & \end{bmatrix}$$

是产品设计性能物元中描述效率性能的子物元，其中 Ca_Effciency1，Ca_Effciency2 用来描述具体的效率性能指标。

$$\begin{bmatrix} Ca\_Stability, & Identify\_Attrib, & v_1 \\ & Class\_Attrib, & v_2 \\ & Ca\_Stability1, & v_3 \\ & Ca\_Stability2, & v_4 \\ & \cdots & \end{bmatrix}$$

是产品设计性能物元中描述稳定性的子物元，其中 Ca_Stability1，Ca_Stability2 用来描述具体的稳定性能指标。

$$\begin{bmatrix} Ca\_Intensity, & Identify\_Attrib, & v_1 \\ & Class\_Attrib, & v_2 \\ & Ca\_Intensity1, & v_3 \\ & Ca\_Intensity2, & v_4 \\ & \cdots & \end{bmatrix}$$

是产品设计性能物元中描述强度性能的子物元，其中 Ca_Intensity1，Ca_Intensity2 用来描述具体的强度性能指标。

2．产品设计任务事元模型

产品设计任务事元模型用来描述设计任务建模流程中所涉及的概念及概念之间的关系，进行综合和归纳并加以形式化的描述，并使这一设计知识能够在规范的、可重用的模型引导下完成必要信息的表达。这里，将设计任务依照事元（子事元）的形式描述，如图 2.3 所示。

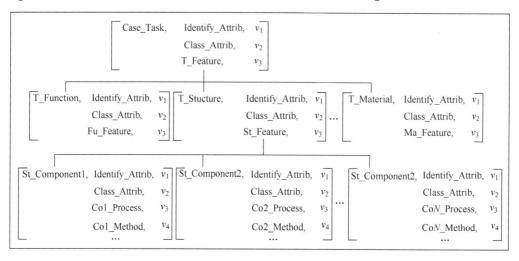

图 2.3　产品设计任务事元模型

其中，

$$\begin{bmatrix} \text{Case\_Task,} & \text{Identify\_Attrib，} & v_1 \\ & \text{Class\_Attrib，} & v_2 \\ & \text{T\_Feature，} & v_3 \end{bmatrix}$$

是产品设计任务的一阶层次，层次信息在 Class_Attrib 中加以说明。T_Feature 是指设计任务具体包含的特征，通常用子事元的形式描述。

$$\begin{bmatrix} \text{T\_Stucture,} & \text{Identify\_Attrib，} & v_1 \\ & \text{Class\_Attrib，} & v_2 \\ & \text{St\_Feature,} & v_3 \end{bmatrix}$$

是针对 T_Feature 的一个子事元，用以描述与结构设计相关的设计任务，层次信息在 Class_Attrib 中加以说明。同时 St_Feature 是指包括的具体结构部件的设计任务，以子事元的形式描述。

$$\begin{bmatrix} \text{St\_Component1,} & \text{Identify\_Attrib} & v_1 \\ & \text{Class\_Attrib，} & v_2 \\ & \text{Co1\_Process,} & v_3 \\ & \text{Co1\_Method,} & v_4 \\ & \cdots & \end{bmatrix}$$

是描述产品结构设计任务一个子事元，用来描述某一部件的设计任务信息，子事元的层次信息在 Class_Attrib 中加以说明。事元中的 Co1_Process、Co1_Method 等用来描述设计步骤、设计方法等信息。

对于产品结构设计任务中的其他重要的部件结构设计任务都可以采用子事元的方式进行描述。

3．产品设计方案物元模型

产品设计方案物元模型对已有产品设计实例的最终设计结果的物元进行描述，包括产品部件设计方案物元、产品电气设计方案物元及产品辅助设备设计方案物元等。具体设计任务进行描述的物元都可以被称为特征设计任务物元，包括功能设计任务物元、结构设计任务物元、材料设计任务物元等。这里以典型的特征设计任务物元来描述此类物元的形式，如图 2.4 所示。

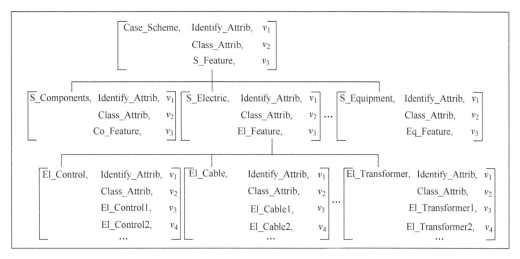

图 2.4　产品设计方案物元模型

其中，

$$\begin{bmatrix} \text{Case\_Scheme}, & \text{Identify\_Attrib}, & v_1 \\ & \text{Class\_Attrib}, & v_2 \\ & \text{S\_Feature}, & v_3 \end{bmatrix}$$

是产品设计方案的一阶层次，层次信息在 Class_Attrib 中加以说明。S_Feature 是指设计任务具体包含的特征，通常用子物元的形式描述。

$$\begin{bmatrix} S\_Electric, & Identify\_Attrib, & v_1 \\ & Class\_Attrib, & v_2 \\ & El\_Feature, & v_3 \end{bmatrix}$$

是针对 S_Feature 的一个子物元，用以描述与产品电气设计相关的设计任务，层次信息在 Class_Attrib 中加以说明。同时 El_Feature 是指包括的具体电气相关的设计结果，以子物元的形式描述。

其中

$$\begin{bmatrix} El\_Control, & Identify\_Attrib & v_1 \\ & Class\_Attrib, & v_2 \\ & El\_Control1, & v_3 \\ & El\_Control2, & v_4 \\ & \cdots \end{bmatrix}$$

是描述产品电气设计结果的一个子物元，用来描述控制方面的设计信息，子物元的层次信息在 Class_Attrib 中加以说明。物元中的 El_Control1、El_Control2 等用来描述各控制电气设计的具体信息。

2.4　产品设计实例的封装

通过物元（及事元）形式化方法，针对产品设计知识不同方面建立了形式统一的获取模型。现实中的设计实例并非仅仅是相对独立的产品设计需求、产品设计任务和产品设计结果，它们之间存在着相互关联与相互影响，需要通过一定的手段，对已经规范化的产品设计实例物元（事元）及其子物元（子事元）模型进行封装。

2.4.1　产品设计事物元

1. 产品设计事物元的概念

产品设计事物元是通过将产品设计实例中的设计行为（设计任务）与设计结果（设计

方案）进行封装，从而将原先面向设计结果或是设计行为的产品设计实例，提升成面向设计过程的产品设计实例。这样，在以后的产品设计过程中，可以通过设计实例来追述产品设计的过程，产品设计事物元对产品设计实例重构如图 2.5 所示。

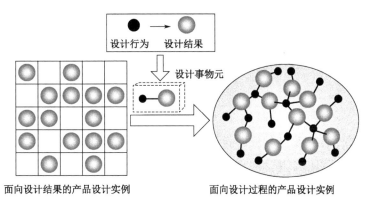

图 2.5　设计事物元对产品设计实例重构

产品设计事物元不仅描述了设计结果，更将设计结果背后的设计行为通过形式化的方式进行了表述，并建立了设计行为与设计结果直接的对应关系，这突出了产品设计实例知识获取的行为性。

通过产品设计事物元的重构，产品设计实例不再只是简单的空间维度的设计结果组合，而提升成了空间维与时间维的结合的产品设计过程的组合，这突出了产品设计实例知识获取的过程性。

基于产品设计事物元的产品设计实例是多层次的，它既可以是产品设计中简单件的设计过程，用单独的设计事物元就可以表示的；也可以是较高层次的结构件的设计过程，包含若干子结构件和简单件的设计过程，用设计事物元的组合来描述，这突出了产品设计实例知识获取的层次性。

2. 产品设计事物元的表示

在一个物元模型 $\boldsymbol{R}=(N,c,v)$ 中，若 $\boldsymbol{N}=\boldsymbol{I}=(d,h,u)$ ，则称 $\boldsymbol{R}=(N,c,v)$ 为事物元，记作 $\boldsymbol{R}(I)$ ，即 $\boldsymbol{R}(I)=(I,c,v)$ 。

通过设计事物元建立面向设计过程的重用信息基元。

称 $R(I \to E)$ 为设计事物元，描述了一个单元设计过程。其中，I 表示一个设计行为，E 表示一个设计结果，符号 $\to$ 表示一种指向，即设计结果 E 是通过设计行为 I 得到的。对于 I 和 E 分别用事元和物元加以描述，可以得到表达式为：

$$
R(I \to E) = \begin{bmatrix} \begin{bmatrix} \begin{bmatrix} d, & h_1, & u_1 \\ & h_2, & u_2 \\ & \vdots & \vdots \\ & h_n, & u_n \end{bmatrix} \to \begin{bmatrix} N, & c_1, & v_1 \\ & c_2, & v_2 \\ & \vdots & \vdots \\ & c_m, & v_m \end{bmatrix} & l_1 & w_1 \\ \\ & l_2 & w_2 \\ & \vdots & \vdots \\ & l_p & w_q \end{bmatrix} \tag{2-6}
$$

其中，特征 $h_1, h_2, \cdots, h_n$ 与相应的量值 $u_1, u_2, \cdots, u_n$ 用来描述设计行为；特征 $c_1, c_2, \cdots, c_m$ 与相应的量值 $v_1, v_2, \cdots, v_m$ 用来描述设计结果；而特征 $l_1, l_2, \cdots, l_p$ 与相应的量值 $w_1, w_2, \cdots, w_q$ 则对整个单元设计过程进行描述与评价。

通过设计事物元对产品设计信息的封装，产品设计实例可以由一个包含设计行为、设计结果的单元设计过程来表示。

3. 产品设计事物元的层次内涵

设计事物元根据产品设计过程的不同抽象程度，将设计过程的知识信息分为设计结果描述层、设计行为描述层和设计过程描述层。设计结果描述层是最终某阶段的设计成果的全面描述；设计行为描述层是为达到某个设计结果而表现出的设计意图、运用的设计原理和付之行动的设计行为；设计过程描述层是将设计行为与设计结果结合，并对整个过程进行描述。

1）设计结果描述层

设计结果描述层是对设计成果的知识综合，主要包括产品（部件、零件）的结构信息、产品（部件、零件）实现的设计功能、设计参数及相关的工艺信息等。

设计结果描述层可以运用物元形式化表示为：

$$
\begin{bmatrix}
\text{Design\_Scheme}, & \text{Identify\_Attrib}, & v_1 \\
& \text{Class\_Attrib}, & v_2 \\
& \text{Name\_Attrib}, & v_3 \\
& \text{Basic\_Info}, & v_4 \\
& \text{Structure\_Info}, & v_5 \\
& \text{Function\_Info}, & v_6 \\
& \text{Design\_Parameter}, & v_7 \\
& \text{Machining\_Technics}, & v_8 \\
& \text{Relating\_Info}, & v_9
\end{bmatrix}
$$

其中，Identify_Attrib 表示所属设计结果单元的标识码属性，标识码是设计结果单元唯一性的标识，是计算机存储、管理和检索的索引。

Class_Attrib 表示所属设计知识单元的类别属性，类别属性是设计结果单元的分类和隶属信息，包含在设计结果单元的编码结构中。

Name_Attrib 表示所属设计结果单元的名称属性，名称属性是实例化的设计结果单元所属的对象类的名称信息，即此设计结果单元是该对象类中的一个对象实例。

Basic_Info 表示所属设计结果单元的基本信息属性，包括该设计结果的主要设计人员、设计完成时期、设计结果的评价情况和该设计结果已经被应用的产品等信息。

Structure_Info 表示所属设计结果单元的产品结构层次属性，包括该结构的组成信息、应用范围和其他相关的结构信息。

Function_Info 表示所属设计结果单元的功能属性，包括该设计结果单元满足的功能要求、所属的功能层次和功能实现方式等。

Design_Parameter 表示所属设计结果单元的主要设计参数，设计参数可以是固定值，也可以以函数的形式出现。对不同类型的产品，设计参数可以取不同的值。

Machining_Technics 表示所属设计结果单元的加工工艺信息属性，用来描述该设计结果的装配、焊接或其他加工工艺，这部分信息既可以作为设计过程的有益参考，也可以作为重要信息向下游传递。

Relating_Info 表示所属设计结果的关联信息属性，描述该设计结果的关联信息。

2）设计行为描述层

设计行为描述层具体描述设计人员在设计过程中，针对某一设计目的进行的设计操作。

同时，也对设计行为发生的环境、运用的设计工具、最初的设计意图和遵循的设计原理等进行描述。

设计行为描述层可以运用事元形式化表示为：

$$
\begin{bmatrix}
\text{Design\_Action,} & \text{Identify\_Attrib,} & u_1 \\
 & \text{Class\_Attrib,} & u_2 \\
 & \text{Name\_Attrib,} & u_3 \\
 & \text{Design\_Purpose,} & u_4 \\
 & \text{Design\_Tool,} & u_5 \\
 & \text{Design\_Condition,} & u_6 \\
 & \text{Design\_Principle,} & u_7 \\
 & \text{Design\_Operation,} & u_8 \\
 & \text{Relating\_Info,} & u_9
\end{bmatrix}
$$

其中，Identify_Attrib 表示所属功能单元的标识码属性。

Class_Attrib 表示所属功能单元的类别属性。

Name_Attrib 表示所属功能单元的名称属性。

Design_Purpose 表示所属设计行为知识单元的设计意图，它表示这一设计行为产生的目的及想达到的效果。

Design_Tool 表示所属设计行为知识单元所运用的设计工具，包括运用这些工具所产生的作用。

Design_Condition 表示所属设计行为知识单元所处的设计环境，包括设计环境中的设计资源。

Design_Principle 表示所属设计行为知识单元所运用的设计原理，包括原理的基本信息及其作用点。

Design_Operation 表示所属设计行为知识单元具体的设计操作，设计操作的过程涉及设计环境、设计工具等要素。

Relating_Info 表示所属设计行为知识单元的关联信息属性，描述该设计行为的关联信息。

3）设计过程描述层

设计过程描述层是将设计行为描述层与设计结果描述层结合的关键。一个设计过程其实是对一个设计问题（需要一个设计结果）的求解过程（通过设计行为实现）。在设计过程描述层中，不仅需要描述设计行为对设计结果的指向，而且需要描述设计过程的属性及与外部的联系。

设计过程描述层可形式化表示为：

$$
\begin{bmatrix}
\text{Design\_Action} \rightarrow \text{Design\_scheme}, & \text{Identify\_Attrib}, & w_1 \\
& \text{Class\_Attrib}, & w_2 \\
& \text{Name\_Attrib}, & w_3 \\
& \text{Basic\_Info}, & w_4 \\
& \text{DP\_Approach}, & w_5 \\
& \text{DP\_Constrain}, & w_6 \\
& \text{DP\_Use}, & w_7 \\
& \text{DP\_Instantiation}, & w_8 \\
& \text{DP\_Relation}, & w_9
\end{bmatrix}
$$

其中，Identify_Attrib 表示所属实例设计过程知识封装单元的标识码属性。

Class_Attrib 表示所属实例设计过程知识封装单元的类别属性。

Name_Attrib 表示所属实例设计过程知识封装单元的名称属性。

Basic_Info 表示所属实例设计过程知识单元的基本信息属性，包括该设计过程的持续的时间、设计过程的激发实体（谁执行了该过程）等。

DP_Approach 表示所属实例设计过程知识封装单元包含的设计步骤，设计步骤可以由不同的设计行为组成，按照设计步骤的所进行的设计行为最终形成了设计结果。

DP_Constrain 表示所属实例设计过程知识封装单元中包含的约束信息，包括设计过程按照设计步骤进行设计时所包含的设计约束及这些约束的具体信息。

DP_Use 表示所属实例设计过程知识封装单元的使用情况,包括设计过程知识单元单独被使用及作为子过程被使用的情况。

DP_Instantiation 表示所属实例设计过程知识封装单元的实例信息，指该设计过程具体包括的实例数目和实例属性。

DP_Relation 表示所属实例设计过程知识封装单元的外部关联情况，包括设计过程知识封装单元的父过程、子过程及与其他设计过程之间的联系。

4. 产品设计事物元的特性

通过产品设计事物元的封装，其最主要的特性是将产品设计结果与产品设计行为进行综合，便于设计人员更深入地理解设计实例，更全面地了解设计过程，更充分地利用设计资源。此外，产品设计事物元在以下几个方面表现出了优势。

1）集成性

产品设计事物元并不仅描述产品单一的设计知识，而是将有关联的设计知识加以综合，组成相对封闭的信息集合。设计人员可以利用它所包含的具体、明确、符合标准的信息进行产品设计开发。

2）可解释性

产品设计事物元的可解释性包括两个方面，一方面，设计事物元是面向机器解释的，即其内容能被相关机器所接受和理解；另一方面，它也考虑面向人为解释的，即尽量考虑内容能被有关人员接受和理解。

3）可重用性

产品设计事物元具有可重用的特性，支持在产品功能设计、概念设计、结构设计、详细设计、工艺设计及围绕该产品的各种设计活动中重用、引用或参考已有的设计成果。

4）弹性

产品设计事物元包含的具体对象是弹性的，广义特征、零件、部件甚至一个完整的产品都可以是一个可重用集成设计单元。此外，设计知识单元包含的信息含量是有弹性的，对于一个产品，它就有产品结构信息；对于一个零件，就没有产品结构信息。

2.4.2　关联信息的建立

通过产品设计实例物元模型的建立，将设计实例中的具体知识分类进行了采集与规范。但是，在一个产品的设计实例中，很多信息是相互关联的。

设计实例关联物元用来描述产品设计实例信息中各个物元之间除了从属性以外的相互关系。

设计实例关联物元可表示为：

$$
\begin{bmatrix}
\text{R\_Relation,} & \text{Identify\_Attrib,} & v_1 \\
& \text{Level\_Attrib,} & v_2 \\
& \text{Relation\_Objective,} & v_3 \\
& \text{Relation\_Type,} & v_4 \\
& \text{Relation\_Point,} & v_5
\end{bmatrix}
$$

其中，Identify_Attrib 表示所属关联设计任务物元的标识码属性，简记为 I_A。

Level_Attrib 表示所属关联设计任务物元的层次属性，层次属性描述关联设计任务物元双方的层次结构，简记为 L_A。

Relation_Objective 表示所属关联设计任务物元的目标属性，关联双方其中之一为目标，简记为 Re_O。

Relation_Type 表示所属关联设计任务物元的类别属性，类别包括可选、冲突和协同，简记为 Re_T。

Relation_Point 表示所属关联设计任务物元的指向属性，描述关联关系作用的对象，简记为 Re_P。

通过关联物元结构模型，可以在产品设计实例中各层次的物元模型之间建立必要的关联，如图 2.6 所示。

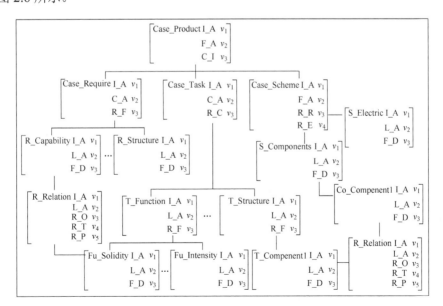

图 2.6　关联物元在产品设计实例物元模型中的作用

第**3**章

产品设计知识数据挖掘技术

3.1 引言

随着企业的不断发展，企业中有关产品的数据呈现了更高级数的增长；同时，随着数据库技术的迅速发展及数据库管理系统的广泛应用，产品的数据越来越多。存储在各种数据媒介中的海量的产品相关数据，在缺乏有效的工具的情况下，已经远远超出了人的理解和概括的能力范围。因此，在产品设计的过程中，如何通过有效的方法从这些数据中提取出对产品设计有用的知识与信息，一直是企业关注的问题。

数据挖掘是 20 世纪 90 年代中期兴起的一项新技术，它给知识的发现提供了有力的支持，它能够从数据库中抽取隐含的、以前未知的、具有潜在应用价值的信息。数据挖掘与传统数据分析工具的主要区别在于它探索数据关系时所使用的方法。传统数据分析工具使用基于验证的方法，即首先通过对特定的数据关系做出假设，然后使用分析工具去确认或否定这些假设。与分析工具相反，数据挖掘使用基于发现的方法，运用模式匹配和其他算法来决定数据之间的重要联系。所以它的有效性将不会受到预先假设等条件的限制，更具有现实意义。

本章着重于将数据挖掘的概念与技术引入到产品设计知识的挖掘中来，通过粗糙集理论的应用，建立了产品设计规则知识的挖掘方法，并将这一技术应用于实际工程项目中。

3.2 数据挖掘与产品知识信息

3.2.1 数据挖掘的基本概念与主要技术

1．数据挖掘的基本概念

数据挖掘（Data Mining，DM）是和知识发现紧密联系在一起的，因此它又被称为数据库知识发现、数据采掘、信息发现等。数据库知识发现（Knowledge Discovery in Database，KDD）在 1989 年的第一届 KDD 专题讨论会上被首次采用，用于表示在数据中发现知识发现的广泛进程，并强调特殊数据开采方法的"高层"应用。这个术语强调了知识是数据发现的最终产品，并很快在人工智能和机器学习等领域得到了广泛的应用。

数据挖掘是人们试图理解、分析和利用大量已经获得的数据的过程。目前，人们急切需要将存在于数据库或其他信息仓库中的海量数据转化为有用的知识，因而数据挖掘技术被认为是一个新兴的、非常重要的、具有广阔应用前景的和富有挑战性的研究领域，并引起了众多的学科（如人工智能、统计学、数据仓库、在线分析处理、专家系统、数据可视化、高性能计算等）研究者的广泛注意。作为一个新兴的学科，它也是由上述众多学科相互交叉、融合而成的。

2．数据挖掘的主要技术

数据库技术只是将数据有效地组织和存储在数据库中，并对数据进行简单的分析和处理，大量隐藏在数据内部的有用信息仍无法得到。而机器学习、模式识别、统计学等领域有大量提取知识的方法，但是这些方法没有和实际应用中的海量数据结合起来，很大程度上只是在实验数据或学术研究上发挥作用。

数据挖掘从一个新的角度将数据库技术、机器学习、统计学领域结合起来，从更深层次发掘存在于数据内部的有效的、新颖的、具有潜在效用的乃至最终可理解的模式。由此，根据数据挖掘的方法所属领域的不同，可以对数据挖掘进行如下分类。

1）数学统计方法

使用这种方法一般是首先建立一个数学模型或统计模型，然后根据这种模型提取有关的知识。例如，可由训练数据建立一个 Bayesian 网络，然后根据该网络的一些参数及其联系权值提取出相关的知识。

2）机器学习方法

大多数的机器学习方法是用人类的认识模型模仿人类的学习方法从数据中提取知识。经过多年的研究，由于机器学习已经取得了一些较为满意的成果，因此，在数据挖掘中可以利用比较成熟的机器学习方法。

3）面向数据库的方法

随着数据库技术的发展，一些数据处理方法不断地完善并且趋于成熟，在数据挖掘中，利用现有的一些数据库技术和某些专门针对数据库的一些启发式方法，可以提取数据库中的一些特征知识。

4）混合方法

上述各种方法各有其优缺点，为提高挖掘的效率，可将其中的某些方法有效结合起来，取长补短，以发现更有价值的知识。例如，机器学习的推导可以和演绎数据结合起来，前者用于知识的推导，而后者用于验证发现知识的正确性。

5）其他方法

除了上述方法，还有其他方法如数据可视化技术、知识表示技术等。同样，按照研究对象的数据类型的不同，数据挖掘的技术也可以分为以下几个方面。

（1）时间序列数据挖掘方法（Temporal 或 Time Series Data Mining）。它是与时间有关的一系列数据。可以进一步分为时间相关数据和序列相关数据。时间相关数据与数据产生的绝对时间有关，如股票价格、银行账务、设备运行日志等；序列相关数据与数据产生的绝对时间关系不大，只注重数据间的先后次序。典型的序列相关数据是传感器输出数据，简称传感器数据（Sensor Data）。对时间序列数据的挖掘主要是发现序列中事物出现的周期和规律，以及不同时间序列间的同步关系。

（2）空间数据挖掘方法（Temporal Data Mining）。它是与空间位置或地理信息有关的数据，如二维、三维图像数据，地理信息系统 GIS 数据，人口普查数据等。

（3）文本数据挖掘方法（Text Data Mining）。文本数据就是一般的文字，对文本数据的挖掘主要是发现某些文字出现的规律及文字与语义、语法之间的联系，用于自然语言处理，如机器翻译、语音识别、信息检索等。当前一个十分活跃的研究方向是 Web 日志（Web log）的挖掘，目的是有效发现 Internet 用户访问站点的模式，从而提高服务的针对性。

（4）多媒体数据挖掘方法（Multimedia Data Mining）。随着多媒体技术发展而日益涌现的声音、图形、图像、超文本等数据。例如，针对大量图像的存储和查询问题而兴起的基于内容的图像检索（Content-based Image Retrieval，CBIR）问题。由于与传统的文本数据不同，因此必须采用新的挖掘手段来发现内容和形式间的内在联系。

3.2.2　可挖掘的产品知识信息

设计人员在设计时，所获得的海量数据库中的参数都是对产品各种性质的描述，这些参数对于选择设计方案的贡献程度（权重）不同。在设计知识表中，一个实例代表一条基本产品设计方案，但这些具体设计方案描述的都是每一种产品的参数的具体取值情况，因而设计人员在设计某类产品时不能很好地获得有代表性的参考信息。

在现代产品设计中，设计人员已经越来越注重如何从产品各类数据中去挖掘能够指导产品设计的有用信息，这些信息主要包括以下两个方面。

1．产品市场需求信息

在激烈的市场竞争中，能对市场进行深入了解已经成为企业最具价值的竞争力之一，作为体现市场导向的市场相关数据，这也被证明是企业的一种强有力资产。随着数据挖掘技术在企业中的应用，产品市场相关数据也充分发挥了它的作用。

产品市场需求信息相关的数据可来自不同的数据源，主要有两种途径：一个是内部数据源，公司内部有许多数据源，如从客户关系管理（Customer Relationship Management，CRM）系统的市场部可以获得关于客户需求的数据，从原有业务流程那收集供应与需求方面的数据等；另一个是 Web 数据，越来越多的市场活动已经开始通过 Web 进行，可以将Web 用户所做的每一件事情都记录到 Web 日志中。

通过获得的产品市场需求相关数据，就可以利用数据挖掘技术进行模式发现，然后通过实验，优化产品的设计。一是通过客户需求数据，区分出不同产品面对的客户类型与特点，了解产品针对客户的吸引力。针对不同的分析需求，可以将客户按照自然属性（年龄、职业、区域、职称、文化程度等）和产品属性（呼叫行为、消费行为等）进行群体划分，以便市场经营与产品设计人员能够为不同的用户群体提供不同的产品设计策略。二是通过市场活动数据可以评价产品的以前的销售情况，同时预测产品在未来的需求状况，从而可以调整产品的研发与生产过程。通过对产品市场需求数据的分析，可以了解还有哪些需求是当前产品所没有满足的，设计人员可以对这些数据的挖掘，来掌握整个产品的开发策略。

2．产品运行与试验数据

在产品的设计过程中，需要重点参考的产品实际数据主要有两个方面：一个是产品实际的运行数据，包括以往此类产品的运行情况；另一个就是产品的试验数据，尤其是涉及大型工业机械产品时，产品的试验数据会对整个产品的后续设计起到非常关键的作用。

目前的产品运行与试验数据的分析技术，一般都先通过各种手段获得的有关的数据，再运用传统的专家系统对这些数据进行分析。用传统的方法建立专家系统时，要求技术专家将自己的经验总结成规则，以供计算机建立知识库用。这种方式存在其难以克服的缺陷：首先，很多用于诊断的信息难以用数学方法或有明显规则的语言来表达；其次，在数据分析过程中，有的规则相当多，而规则太多会导致推理前后矛盾，而传统的专家系统缺乏自学习能力，对知识库的修改、补充必须借助于技术专家的人为干预才能进行，系统本身没有自学习的机制。

运用数据挖掘工具可以从大量的产品运行及试验数据中发现信息、推理知识；可以辅助设计人员筛选大量的日常数据，寻找、发现隐藏数据，揭示新的关系和模型，提供预期有用的信息。

3.3　基于粗糙集理论的产品设计规则知识挖掘

3.3.1　粗糙集理论与数据挖掘

粗糙集理论是一种新的处理模糊和不确定性知识的数学工具。其主要思想就是在保持分类能力不变的情况下，通过知识约简，导出问题的决策或分类的规则。目前，粗糙集理论已经被成功地应用于数据挖掘领域，并成为数据挖掘中的有效方法与手段。

1. 粗糙集理论的产生和发展

1982 年，Z. Pawlak 发表了经典论文 Rough Sets，宣告了粗糙集理论的诞生。粗糙集理论迅速成为一种处理含糊和不精确性问题的新型数学工具。1992 年，第一届关于粗糙集理论的国际学术会议在波兰召开，至今每年都召开以粗糙集为主题的国际会议，推动了粗糙集理论的拓展和应用。目前大约有 2000 多篇粗糙集方面的研究论文发表于国际重要期刊和国际会议刊物上，国际上也成立了粗糙集学术研究会。粗糙集理论不仅为信息科学和认知科学提供了新的科学逻辑和研究方法，而且为智能信息处理提供了有效的处理技术。

2. 粗糙集理论的基本概念

1）粗糙集理论中的知识定义

在信息系统中，一般认为知识是人类实践经验的总结和提炼，具有抽象和普遍的特征，是属于认识范畴的概念，任何知识都是对其事物运动状态及变化规律的概括性描述。然而这个定义不能算是一个完全的、精确的表达，这是因为知识本身具有多种意义，特别是在不同的领域中进行讨论更是如此，因此要根据认知科学的一些观点来理解知识。

在粗糙集理论中，知识被认为是一种将现实或抽象的对象分类（Classification）的能力，人们的行为是基于分辨现实的或抽象的对象的能力。这样在粗糙集理论采用的方法中假设知识是基于对对象分类的能力。对象（Object）指任何可以想到的东西，如实际物体、状态、抽象概念、过程、时刻等。知识直接与真实或抽象世界有关的不同分类模式联系在一起，这里称为论域 U（Universe）。

假定具有关于论域的某种知识，并使用属性（attribute）及其值（value）来描述论域中的对象。例如，空间物体集合 U 具有"颜色"和"形状"两种属性，"颜色"的属性值取为红、黄，"形状"的属性值取为方、圆。从离散数学的观点看，"颜色"和"形状"构成了 U 上的一族等价关系（Equivalent Relation）。U 中的物体，按照"颜色"这一等价关系，可以划分为红色的物体、黄色的物体等集合；按照"形状"这一等价关系，可以划分为方的物体、圆的物体等集合；按照"颜色+形状"这一合成等价关系，又可以划分为红色的圆物体、黄色的方物体等集合。如果两个物体同属于红色的圆物体这一集合，它们之间是不可分辨关系（Indiscernibility Relation），因为描述它们的属性都是"红"和"圆"。不可分辨关系的概念是粗糙集理论的基石，它揭示出论域知识的颗粒状结构。

定义 3.1：给定一对象的论域 U，对于任何子集有 $X \subseteq U$，可称之为一个论域 U 中的概念或范畴，并且论域 U 中的任何概念族称为关于论域 U 的抽象知识，简称知识（Knowledge）。

定义 3.2：设有限非空集合 U 是一个论域，$\vec{R}$ 是 U 上的一个等价关系族。系统 $K = (U, \vec{R})$ 被称为一个知识库（Knowledge Base）。

定义 3.3：设 $K = (U, \vec{R})$ 为一个知识库，若 $P \subseteq \vec{R}$，则 $\bigcap P$（P 中全部等价关系的交集）也是一等价关系，称为 P 上的不可分辨关系，记为 ind(P)，且有

$$\left[x\right]_{\mathrm{ind}(P)} = \bigcap_{R \in P} \left[x\right]_R \tag{3-1}$$

2）粗糙集理论中的近似集合

粗糙集理论延拓了经典的集合论，把用于分类的知识嵌入集合内，作为集合组成的一部分。一个对象 a 是否属于集合 X 需根据现有的知识来判断，可分为三种情况：对象 a 肯定属于集合 X，对象 a 肯定不属于集合 X，对象 a 可能属于也可能不属于集合 X。集合的划分密切依赖于所掌握的关于论域的知识，这是相对的而不是绝对的。

粗糙集可以近似地被定义，为了达到这个目的，使用两个精确集，即粗糙集的上近似集和下近似集来描述。

给定知识库为 $K = (U, \vec{R})$，对于每个子集 $X \subseteq U$ 和一个等价关系 $R \in \mathrm{ind}(K)$，定义两个子集：

$$\underline{R}X = \bigcup\{Y \in U / R \mid Y \subseteq X\} \tag{3-2}$$

$$\overline{R}X = \bigcup\{Y \in U / R \mid Y \cap X \neq \varnothing\} \tag{3-3}$$

分别称它们为 X 的 R 上近似集和下近似集。

集合 $bn_R(X) = \overline{R}X - \underline{R}X$ 称为 X 的边界；$\mathrm{pos}_R(X) = \underline{R}X$ 称为 X 的 R 正域；$\mathrm{neg}_R(X) = U - \overline{R}X$ 称为 X 的 R 负域。显然，$\overline{R}X = \mathrm{pos}_R(X) \bigcup bn_R(X)$。

正域 $\mathrm{pos}_R(X)$ 或 X 的下近似 $\underline{R}X$ 是对于知识 R 判断肯定属于 X 的 U 中元素组成的集合；$\overline{R}X$ 是根据知识 Rp 判断可能属于 X 的 U 中元素组成的集合；$bn_R(X)$ 是根据知识 R 既不能判断肯定属于 X 又不能判断肯定属于 $U-X$ 的 U 中元素组成的集合；$\mathrm{neg}_R(X)$ 是根据知识 R 判断肯定不属于 X 的 U 中元素的集合。

下列性质是显而易见的：

（1）X 为 R 可定义集，当且仅当 $\overline{R}X = \underline{R}X$；

（2）X 为 R 粗糙集，当且仅当 $\overline{R}X \neq \underline{R}X$。

3）非精确性的数字特征

集合（范畴）的不确定性是由边界域的存在而引起的。集合的边界域越大，其精确性则越低。为更精确地表示这一点，引入精度（Accuracy Measure）的概念，且定义为：

$$\alpha_R(X) = \frac{\left|\underline{R}X\right|}{\left|\overline{R}X\right|}$$

（3-4）

其中，$X \neq \varnothing$，$|X|$ 表示集合 X 的基数。

精度 $\alpha_R(X)$ 用来反映对于了解集合 X 的知识的完全程度。显然，对于每一个 R 和 $X \subseteq U$，有 $0 \leqslant \alpha_R(X) \leqslant 1$。当 $\alpha_R(X) = 1$ 时，X 的 R 边界域为空集，集合 X 为 R 可定义的；当 $\alpha_R(X) < 1$ 时，集合 X 有非空 R 边界域，集合 X 为 R 不可定义的。

可用 $\alpha_R(X)$ 的另一种形式，R 粗糙度 $\rho_R(X)$ 来定义集合 X 的不确定程度，即：

$$\rho_R(X) = 1 - \alpha_R(X)$$

（3-5）

X 的 R 粗糙度与精度相反，它表示的是集合 X 的知识的不完全程度。

可以看出，与概率论和模糊集合论不同，不精确性的数值不是事先假定的，而是通过表达不精确性的概念近似计算得到的，这样不精确性的数值表示是有限知识（对象分类能力）的结果。因此不需要用一个机构来指定精确的数值去表示不精确的知识，而是采用量化概念（分类）来处理，用不精确的数值特征表示概念的精确度。

4）知识表达系统

知识表达系统的基本成分是研究对象的集合，而这些对象的知识是通过指定对象的基本特征（属性）和它们的特征值（属性值）来描述的。

一个知识表达系统 S 可以表示为：

$$S = (U, C, D, V, f)$$

（3-6）

其中，U 是对象的集合，$C \cup D = A$ 是属性集合，不相关的子集 C 和 D 分别称为条件属性集和结果属性集，V 是属性值的集合，$f : U \times A \to V$ 是一个信息函数，它指 U 中每一对象 x 的属性值。

知识表达系统的定义可以用表格表达法来实现。知识的表格表达法可以看作是一种特殊的形式语言，用来表达等价关系，这样的数据表也被称为知识表达系统，有时也被称为信息系统属性值表。

在知识表达系统数据表中，列表示属性，行表示对象（如状态，过程等），并且每行表示该对象的一条信息，数据表可以通过观察测量得到。容易看出，一个属性对应一个等价关系，一个表可以看作是定义的一族等价关系。

因为知识库和知识表达系统之间有一对一映射关系，这样，所有涉及知识库的定义都可以用知识表达系统的定义来描述，因此，知识库中任一等价关系在表中都可以表示为一个属性和用属性值表示的关系的等价类。表中的列可以看作某些范畴的名称，而整个表包含了相应知识库中所有范畴的描述，包含了能从表中数据推导出所有可能的规律。所以知识表达系统是对知识库中有效事实和规律的描述。

5）决策表

决策表是一类特殊而重要的知识表达系统，它指定当满足某些条件时，决策（结果）会怎样进行。

决策表可以根据知识表达系统定义：

设 $S = (U, C, D, V, f)$ 为一知识表达系统，$C \bigcap D = \varnothing$，$C$ 称为条件属性集，称为决策属性集。具有条件属性和决策属性的知识表达系统被称为决策表。

决策表的各个条件属性之间往往存在着某种程度的依靠或关联。简约可以理解为在不丢失信息的前提下，可以最简单地表示决策系统的结论属性对条件属性的集合的依赖和关联，即简化就是化简决策表中的条件属性，化简后的决策表有更少的条件属性。因此，决策表的简化在工程应用中非常重要。

决策表的简化步骤如下：

（1）进行条件属性的简化，即从决策表中消去某些列。

（2）消去重复的行。

（3）消去属性的冗余值。

化简后的决策表是一个"不完全"的决策表，它仅包含那些决策时所必需的条件属性值。

3. 粗糙集理论运用于数据挖掘的优势

随着数据挖掘技术和粗糙集理论的不断发展，科研人员开始将二者结合起来，即出现了基于粗糙集理论的数据挖掘技术的研究。基于粗糙集理论的数据挖掘思想是：将数据库中的属性分为条件属性和决策属性，对数据库中的元组根据各个属性不同的属性值分成相应的子集，然后对条件属性划分的子集和决策属性划分的子集之间的上下近似关系生成判定规则。

将以粗糙集为代表的集合论方法应用到数据挖掘领域取得了一定的成果，也体现出了粗糙集理论应用于数据挖掘的优势，优势主要表现在以下几个方面。

（1）粗糙集这种四元组形式的知识表示方法可以很好地对应到目前十分成熟的关系数据库的二维表中的数据中。

（2）对于研究的对象，粗糙集只依赖于原始的数据，而无须收集关于数据的确定预先知识或额外附加信息，更利于分析基于现实的情况。

（3）粗糙集不仅适用于数值型和符号型数据的挖掘，而且可以通过上下近似空间的概念很好地处理数据的不一致性和缺失问题。

3.3.2 产品设计规则知识的挖掘过程

面对海量的数据信息，设计人员可以通过粗糙集理论对这些数据进行处理，从中挖掘出各种信息、参数之间的关联，从而可以形成指导产品设计的规则型知识。

1. 数据信息的知识表示

产品数据信息来源于已有产品设计实例，在对这些数据信息进行处理前，通过粗糙集理论形成统一的知识库表达形式。

$$产品设计知识库 = (U, A, C, D) \tag{3-7}$$

其中，U 表示为所有产品设计实例的集合，即论域。A 表示为设计条件参数和设计决策（结果）参数的集合。C 表示为设计条件参数。D 表示为设计决策（结果）参数。

在产品设计知识库中，一个设计条件参数 P 对应着一个等价关系，即在设计条件参数 P 上取值的相等关系，它对设计中所有产品设计实例的集合 U 形成一个划分 U/P。每个设计条件参数的不同取值就形成了对产品设计知识库的一个划分，参数可以认为是用等价关系表示知识的一个名称。例如，设计条件参数"尺寸"取值的不同就形成了设计人员关于"尺寸"的一个知识。所有设计条件参数集合 C 形成对论域 U 的划分 U/C，同时设计决策（结果）集合 D 也对论域形成一个划分 U/D。这两个划分形成了设计条件参数和设计决策（结果）对产品设计实例信息集合分类上的知识。

由于不同的设计人员对设计问题的认识角度不同，他们可以运用不同的标准对产品设计知识库进行分类，从而得到不同的概念，并得到这些概念之间的相互关系。

2. 产品设计知识库的要素建立

在具体的产品设计过程中，由于设计人员对产品的属性参数及这些参数对于产品性能的具体影响缺乏足够的认识，对于设计条件参数和设计决策（结果）的内涵和关联缺乏明确的认知，利用现有的水平不能区分各属性参数之间的差别，即具有粗糙性特点；同时有一部分经验性知识本身具有粗糙性。为了描述这些设计条件、参数隶属于产品设计知识库的情况，采用以下概念加以描述。

1）知识表达形式

设给定产品设计知识库为：

$$K = (U, R) \tag{3-8}$$

其中，U 表示为所有产品设计实例的集合，即论域。R 表示按照某种参数组合对设计知识库划分所获得的等价关系。

2）上近似和下近似

对于每个产品设计实例的子集 $X \subset U$，可以根据等价关系 R 的基本集合的描述来划分产品设计实例的子集 X。则其上近似和下近似可分别表示为：

$$\underline{R}X = \bigcup \{Y \in U / R | Y \subseteq X\} \tag{3-9}$$

$$\overline{R}X = \bigcup \{Y \in U / R | Y \bigcap X \neq \varnothing\} \tag{3-10}$$

其中，U / R 表示对设计知识库按照参数进行分类后获得的等价关系集合。Y 表示等价关系集合 U / R 的一个元素。

意义：$\underline{R}X$ 表示根据已获得的关于产品设计知识库按照参数的分类结果，这些分类知识一定能归入要求的产品设计实例的子集中。

$\overline{R}X$ 表示根据已获得的关于产品设计知识库按照参数的分类结果，这些分类知识可能归入要求的产品设计实例的子集中。

3）边界

产品设计知识的边界表示为：

$$bn_R(X) = \overline{R}X - \underline{R}X \qquad (3\text{-}11)$$

意义：根据已获得的关于产品设计知识库参数的分类结果，这些分类知识既不能肯定也归入要求的产品设计实例的子集中，也不能肯定地归入不是要求的产品设计实例的子集中。即根据现有的关于设计条件参数的分类结果，不能准确确定在要求的设计条件参数约束下可以达到的设计结果。

4）正域

产品设计知识的正域表示为：

$$\mathrm{pos}_R(X) = \underline{R}X \qquad (3\text{-}12)$$

意义：根据已获得的关于产品设计知识库按照参数的分类结果，这些分类知识能完全归入要求的产品设计实例的子集中。

5）负域

产品设计知识的负域表示为：

$$\mathrm{neg}_R(X) = U - \underline{R}X \qquad (3\text{-}13)$$

意义：根据已获得的关于产品设计知识库按照参数的分类结果，这些分类知识不属于要求的产品设计实例的子集，它们是属于要求的产品设计实例的补集。

3. 产品设计知识库的简化

在给定的分类标准下，众多的设计条件参数中有些参数对产品性能设计起决定性作用，有些参数起到次要性作用。为了判断设计条件参数是否重要，可以采用下面的概念加以描述。

1）参数重要性

设计条件参数在决定最终设计结果时是否必要，可以表示成如下形式：

$$ind(R) : ind(R - \{r\}) \qquad (3\text{-}14)$$

其中，R 表示对产品设计知识库按照参数值进行分类所获得的一个等价关系族。r 表示设计条件参数，且 $r \in R$。ind(R) 表示按照等价关系 R 对产品设计知识库的分类能力。

根据式（3-14）称设计条件参数 r 为 R 中的重要因素，即不可省略的；否则 r 为 R 中的次要因素，即可省略的。

意义：在产品设计知识库中可以省略的设计条件参数在知识库中是多余的，如果将它们从知识库中去掉，不会改变人们对产品设计知识库中设计结果的分类能力。相反，若设计条件参数知识库中去掉了一个不可省略的设计条件参数，则一定会改变人们对产品设计知识库中设计结果的分类能力。

2）核

在确定了一个参数是否可省略后，相对于设计结果，必要的设计条件参数可表示成如下核的形式：

$$\text{core （产品设计知识库）} = \bigcap \text{red （产品设计知识库）} \tag{3-15}$$

其中，red（产品设计知识库）表示不可省略的设计参数的集合。

在进行设计时，设计人员所获得的海量数据库中的参数都是对产品各种性质的描述，这些参数对于产品设计的贡献程度（权重）不同。为了从产品设计知识库中挖掘出适用度较大的知识，同时也为了帮助设计人员从众多的设计条件参数中找到最主要的参数给予重点关注，缩小设计时的搜索范围，减少设计的复杂程度，提高设计的效率，需要对设计条件参数进行简化。对产品设计知识库进行简化，实际上就是要找出产品设计知识库中设计条件参数的核，即不可省略参数的集合。

4．产品设计规则知识的提取

对产品设计知识库中的设计参数进行简化后，设计人员可以得到设计时应该考虑的主要设计参数。设计人员可以参考这些必需的参数在不同层次、不同角度上的相互影响，提取出更多有价值的潜在信息——产品设计规则知识，并且可以将这些隐含的产品设计规则知识作为新的设计知识添加到产品设计知识库中，既可以不断丰富设计人员的设计经验，同时也能很好地继承已有的成熟设计经验，在设计活动中设计出符合要求且具有创新性的产品。

3.4 产品设计规则知识综合

　　在进行产品设计的时候，需要对一些关键指标进行分析，考查这些指标能否符合客户需求、达到设计的要求，最终将决定产品设计成功与否。然而，究竟哪些因素在影响这些关键指标，影响的程度有多大，一直是设计人员寻求的一项产品设计规则知识。通过产品样本数据来挖掘影响产品效率的设计规则知识，并根据其他关键指标进行综合分析。

　　由于产品是一个复杂的系统，其中各种条件参数之间会有相互影响及约束，因此在完成单一指标的因素分析后，应再进行多重技术指标的综合分析，这样才能挖掘有效的设计规则知识。针对不同的设计思维，或者从不同的学科点出发，可以得到同一条件属性在不同的设计条件下所需满足的条件区域。还需要综合考虑这些因素来形成综合设计规则知识的条件区域。为了综合考查与分析同一因素对不同学科的影响，需要将不同学科的指标无量纲化并建立统一的量度，这样可以对影响广泛的因素进行综合分析，从而确定这一因素对规则知识的影响。

第 **4** 章

产品设计知识可拓派生技术

4.1 引言

在新的竞争环境下，要求产品的设计能够在尽可能短的时间内准确地响应客户多样化要求。实现这些目标不仅需要能够对已有的产品设计知识进行合理的运用，还要求能够在已有的产品设计知识的基础上进行有针对性的派生，生成能够满足需求的新设计知识。

产品设计知识的派生主要涉及两方面的设计知识，一方面是面向空间纬度的产品构造模型知识，另一方面是面向时间纬度的产品设计过程知识。对于产品构造模型，随着大批量定制模式的产生，建立产品构造模型核心问题也逐渐转变为如何建立有效的产品族模型，将产品开发与设计过程中的知识运用从面向单一的产品转变为面向系列产品。对于产品设计过程知识，客户的多样性与市场的多变性要求产品的设计过程也能敏捷地做出响应，建立快速产品开发与设计系统。

本章分别对产品构造模型和产品设计过程建立了知识模型，并通过可拓这一有效的手段对产品构造基本模型和产品设计过程蕴含系统中的设计知识进行派生，并结合产品实例进一步阐述了该方法的有效性。

4.2 产品构造模型知识的可拓集合

高效的产品模型构造与开发需要在一个系统的框架中进行，在大批量定制模式下，这个系统的框架就是产品族的体系结构。体系结构提供了一个通用结构来获取和利用通用零部件，这个通用结构中每个新产品的变化和扩展都基于一个通用的产品线结构来进行。体系结构的基本原理不仅表达了在同样的技术解决方案下开发不同产品的基本知识，而且表达了一类产品的设计过程。这个过程是基于一致的产品结构对个性化需求进行产品定制化设计的过程。

香港科技大学 Tseng 将产品族结构作为产品设计的核心，提出了产品构造模型的三视图方案，即功能视图、技术视图和结构视图。功能物元属于功能域，描述产品族的功能需求；技术视图属于物理域，描述产品族的设计参数；结构视图描述产品族的配置结构，实现从功能需求到设计参数之间的映射。但是，随着产品设计研究的深入，如何提高产品构造模型的可变型性越来越受到研究人员的关注。

市场与企业对产品构造模型的需求一直是一个包含相互对立两方面的共轭体，一方面产品构造模型要尽可能满足产品外部多样化需求；另一方面产品构造要尽可能减少内部产品的多样性。因此，对产品构造模型共轭特性进行研究，有助于建立一个高效、系统的框架支持产品族体系结构。

4.2.1　产品构造模型的共轭特性

1. 功能的公共性与特殊性

功能视图是产品构造模型中最接近客户需求的一个视图，需要面对一组客户的功能需求。功能的公共性体现在它对客户功能需求进行描述时需要归纳这些功能需求之间的相似点，并使这些相似性转化为可以用于设计与开发的共性功能需求，便于向下游传递。功能的特殊性主要用于体现各个客户不同于其他客户的特殊功能需求，这也是产品多样性的集中体现。

2. 结构的系统性与交互性

产品构造模型系统性体现在它需要描述支持一组产品的物理性的或概念性的构件，这些构件具有层次关系和树形结构，构成统一、完整产品所必需的组件。产品构造模型的交互性体现在构件的相互作用上，由于面对的是一组产品，构件之间存在更丰富的交互信息；当部分构件进行调整或变化时，对于其他构件的影响可以通过交互性进行表达。

3．技术的支持性与约束性

产品构造模型的技术共轭性体现了设计技术（原理）对于既定结构条件下功能的不同影响。产品构造模型对于技术的支持性是指对于产品构造已有功能和结构的支持，以及对于功能和结构进行拓展的支持。产品构造模型对于技术的约束性是指在产品构造模型形成和拓展过程中的各种技术与原理上的约束与限制。对于最终实现产品功能多样化来说，它是一个限制属性；但从实现角度来说，它是一个必需条件。

4.2.2　基于共轭视图的产品基本构造模型描述

产品基本构造模型是指通过一定时间的积累之后形成的针对系列产品的开发平台。它拥有相对稳定的既定结构，同时该结构又具有进一步拓展的能力；它在既定结构下表现出显化的功能，同时又具有潜在的功能。它包括技术与原理中的支持面与约束面。

1．结构共轭视图

产品基本构造模型的结构共轭视图主要描述系列产品的基本物理结构和组件，以物元的形式展现物理部件和物理部件之间的关系。

定义 4.1：产品基本构造模型的硬部与软部

将产品基本构造模型 N 的组成部分 $m_1, m_2, \cdots, m_n$ 的全集定义为产品基本构造模型的硬部，记作：

$$\mathrm{hr}N = \{m_1, m_2, \cdots, m_n\} \tag{4-1}$$

产品基本构造模型 N 与它的组成部分 $m_1, m_2, \cdots, m_n$ 之间及各个部分之间有各种联系，将这些联系的全体称为产品基本构造模型的软部，记作 $\mathrm{sf}N$。

对于结构，产品基本构造模型则可记为：

$$N = \mathrm{hr}N \times \mathrm{sf}N \tag{4-2}$$

2．功能共轭视图

产品基本构造模型的功能共轭视图主要描述在基本结构的基础上，产品基本构造模型所能满足的显化功能和它可以通过拓展的潜在功能。

定义 4.2：产品基本构造模型的显部与潜部

产品基本构造模型 N 的显部物元记为 $\boldsymbol{R}_{\mathrm{ap}}$，

$$\boldsymbol{R}_{\mathrm{ap}} = \begin{bmatrix} \mathrm{ap}N, & c_{a1}, & v_{a1} \\ & c_{a2}, & v_{a2} \\ & \vdots & \vdots \\ & c_{am}, & v_{am} \end{bmatrix} \tag{4-3}$$

其中，$c_{a1}, c_{a2}, \cdots c_{am}$ 为产品基本构造模型 N 在既定结构 $m_1, m_2, \cdots, m_n$ 及关系下所显现的功能，$v_{a1}, v_{a2}, \cdots v_{am}$ 为上述功能的特征值。

产品基本构造模型 N 的潜部物元记为 $\boldsymbol{R}_{\mathrm{lt}}$，

$$\boldsymbol{R}_{\mathrm{lt}} = \begin{bmatrix} \mathrm{lt}N, & c_{l1}, & v_{l1} \\ & c_{l2}, & v_{l2} \\ & \vdots & \vdots \\ & c_{lm}, & v_{lm} \end{bmatrix} \tag{4-4}$$

其中，$c_{l1}, c_{l2}, \cdots c_{lm}$ 为产品基本构造模型 N 可以通过既定结构 $m_1, m_2, \cdots, m_n$ 及关系进行拓展变换所得到的潜在功能，$v_{l1}, v_{l2}, \cdots v_{lm}$ 为上述功能的特征值。

对于功能，产品基本构造模型则可记为

$$N = \mathrm{ap}N \times \mathrm{lt}N \tag{4-5}$$

3．技术共轭视图

产品基本构造模型的技术共轭视图主要描述技术（原理）对产品功能体现与结构形成的两方面作用。

定义 4.3：产品基本构造模型的正部与负部

给定 $N = \mathrm{hr}N \times \mathrm{sf}N$，且 $n \in \{\mathrm{hr}N\} \bigcup \{\mathrm{sf}N\}$。当 $c(n) \geqslant 0$ 时，称 n 为 N 关于功能 c 的正部分，记为 n^{+}；当 $c(n) \leqslant 0$ 时，称 n 为 N 关于功能 c 的负部分，记为 n^{-}。

N 中关于功能的一切正部分的全体称为 N 的正部，记作：

$$\mathrm{ps}(c)N = \sum n^{+} \tag{4-6}$$

N 中关于功能的一切负部分的全体称为 N 的负部，记作：

$$\mathrm{ng}(c)N = \sum n^{-} \tag{4-7}$$

对于原理，产品基本构造模型则可记作：

$$N = \mathrm{ps}(c)N \times \mathrm{ng}(c)N \qquad (4\text{-}8)$$

产品基本构造模型通过三个共轭视图都进行物元分析以后，可以得到如图 4.1 所示的产品基本构造物元模型。模型通过统一的物元模式对产品体系进行了重构，体现了功能—原理—结构三者的关系。

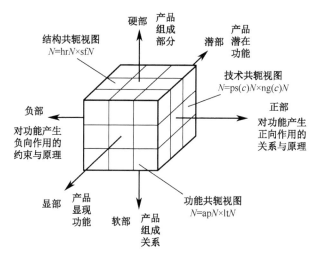

图 4.1　产品基本构造物元模型

4.2.3　产品构造模型的知识拓展

产品构造模型不仅是已有设计的一种表达，还需要通过变形来形成满足客户需求的一组产品模型。产品基本构造物元模型的建立，提供了一个支持产品变形设计的平台，基于这个平台可以充分利用物元的可拓性，对基本构造物元模型进行变形与拓展，形成产品构造模型的知识拓展集合。

1．发散拓展

利用产品基本构造物元模型具有的发散性特征，寻求满足需求的目标物元是产品模型知识拓展的主要途径。拓展的方式主要有求知发散拓展和求行发散拓展两种。

1）物元的发散特性

对于构成产品基本构造物元模型的各个知识物元及其组合来说，物元三元组所包含的元素是可变的，一个知识物元可以有多种特征，同一个特征及其量值也可为不同的知识物元所共有。

一个产品知识物元具有很多特征，简称为一物多征。记为：

$$(N,c,v) —| \{(N,c_1,v_1),(N,c_2,v_2),\cdots,(N,c_n,v_n)\} \tag{4-9}$$

它表明产品知识物元可以具有一个特征 c，也可以拓展到其他多个特征 $c_1,c_2,\cdots,c_n$，符号 "—|" 表示拓展。

某一产品知识物元中的同一特征可以被多个产品知识物元所共有，简称为一征多物。记为：

$$(N,c,v) —| \{(N_1,c,v_1),(N_2,c,v_2),\cdots,(N_n,c,v_n)\} \tag{4-10}$$

对于产品知识物元而言，当某一知识物元不能满足需要的时候，可以寻求与该知识物元具有同一特征 c 的其他知识物元替代。

产品基本构造模型中的各个知识物元及其组合可以在原有物元的基础上进行发散性拓展，如图 4.2 所示。

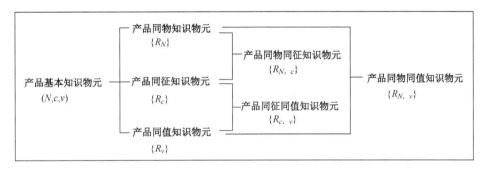

图 4.2　产品基本构造物元模型的知识发散拓展

2）求知发散拓展法

产品知识物元的求知发散拓展，主要是寻求实现目标知识物元 R_x，使它满足某一条件。这里的 R_x，既可以是针对量值 v_x，也可以是针对事物 N_x，当然也可以是特征 c_x。下面给出针对不同 R_x 的发散拓展方法。

a）对产品知识物元 $R_x = (N,c,v_x)$，求 v_x

要求 v_x，首先寻找与 R_x 同特征的知识物元，则有：

$$(N, c, v_x) \longrightarrow \begin{cases} (N_1, c, v_x) \\ (N_2, c, v_x) \\ \vdots \\ (N_n, c, v_x) \end{cases} \quad (4\text{-}11)$$

若 $(N_i, c, v_x)(i = 1, 2, \cdots, n)$ 中某一知识物元中的量值 v_x 可知，则 R 的量值 v_x 可知。

b）对产品知识物元 $R_x = (N_x, c, v)$，求 N_x，使 $c(N_x) = v$

已知事物 N_x 的 n 个特征元 $(c_1, v_1), (c_2, v_2), \cdots (c_n, v_n)$，求 N_x，使：

$$c_i(N_x) = v_i (i = 1, 2, \cdots, n) \quad (4\text{-}12)$$

①寻找同特征元 (c_1, v_1) 的产品知识物元，有：

$$(N, c, v_x) \longrightarrow \begin{cases} (N_1, c, v_x) \\ (N_2, c, v_x) \\ \vdots \\ (N_n, c, v_x) \end{cases} \quad (4\text{-}13)$$

则 $\{N_1, N_2, \cdots, N_k\}$ 是满足第一个特征元的产品知识事物集。

②对每个 $(N_i, c_1, v_1)(i = 1, 2, \cdots, k)$，有：

$$(N_i, c_1, v_x) \longrightarrow \begin{cases} (N_1, c_2, c_2(N_i)) \\ (N_2, c_3, c_3(N_i)) \\ \vdots \\ (N_n, c_n, c_n(N_i)) \end{cases} \quad (4\text{-}14)$$

③根据已知的特征元 (c_2, v_2) 判断：若 $c_2(N_i) = v_2$，则选择事物 N_i；若 $c_2(N_i) \neq v_2$，则淘汰事物 N_i。从而得到满足 $c_2(N_j) = v_2$，$c_1(N_j) = v_1$ 的事物集 $\{N_j\}(j = 1, 2, \cdots, l)$。

④对 $N_j(j = 1, 2, \cdots, l)$，根据已知的特征元 (c_3, v_3) 判断：若 $c_3(N_i) = v_3$，则选择事物 N_j；若 $c_3(N_i) \neq v_3$，则淘汰事物 N_j。从而得到满足 $c_3(N_k) = v_3$，$c_2(N_k) = v_2$，$c_1(N_k) = v_1$ 的事物集 $\{N_k\}(k = 1, 2, \cdots, p)$。

⑤重复上述步骤，直至找到满足所有特征元 $(c_1, v_1), (c_2, v_2), \cdots (c_n, v_n)$ 的事物，即为 N_x。

c）对产品知识物元 $R_x(N, c_x, v)$，求 c_x，使 $c_x(N) = v$，有：

$$(N,c_x,v) \longrightarrow \left| \begin{cases} (N,c_1,c_1(N)) \\ (N,c_2,c_2(N)) \\ \quad\vdots \\ (N,c_n,c_n(N)) \end{cases} \right. \tag{4-15}$$

若 $c_{i_0}(N)=v$，则 c_{i_0} 即为 c_x。

3）求行发散拓展法

求行发散拓展的实质是对给定的事物 N，使它关于已知特征 c 的值在给定的范围内。即给定事物 N 和量值域 V_0，求使

$$R=(N,c,v), v\in V_0 \tag{4-16}$$

利用发散性进行拓展的方法如下：

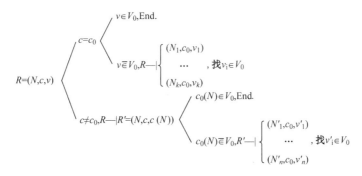

对应 $v_i\in V_0, v_i'\in V_0$ 的 N_i 与 N_i' 即为所找的事物，把 R 变换为相应的产品知识物元则求行发散拓展完成。

2．可扩拓展

构成产品基本构造物元模型的部分知识物元及其组合，即物元的三个要素——事物、特征和量值，在一定条件下具有可加（记为 $\oplus$）、可积（记为 $\otimes$）、可分（记为 / 或者 / / ）等可扩特性。从而可以利用物元的可扩特性，形成产品基本构造物元模型的可扩拓展集。

1）可加拓展

a）特征的可加

给定特征 c_0，任何特征 c 都是 c_0 的可加特征。记作：

$$c_0 \oplus c = \begin{bmatrix} c_0 \\ c \end{bmatrix} = c' \tag{4-17}$$

称特征 c' 为特征 c_0 与 c 之和。若 $c \in L(c)$，则 c_0 的可加特征集为：

$$C_\oplus(c_0) = L(c) \tag{4-18}$$

b）量值的可加

若量值 v_0，$v \in V(c)$，v_0 与 v 同时存在而不能组成新的量值，则称 v 为 v_0 的可加量值，记作：

$$v_0 \oplus v = v' \tag{4-19}$$

称量值 v' 为量值 v 与 v_0 之和。v_0 的可加量值集为：

$$V_\oplus(v_0) = \{v \mid v_0 \oplus v = v' \in V(c), v \in V(c)\} \tag{4-20}$$

c）产品知识物元的可加

给定产品知识物元 R_0，若知识物元 R 与 R_0 可以同时存在，则称 R 关于 R_0 是可加的，记作：

$$R_0 \oplus R = R' \tag{4-21}$$

称知识物元 R' 为知识物元 R 与 R_0 之和。R_0 的可加量值集为：

$$W_\oplus(R_0) = \{R \mid R_0 \oplus R = R' \in L_1(R), v \in L_1(R)\} \tag{4-22}$$

2）可积拓展

a）特征的可积

给定特征 c_0，若特征 c 与 c_0 可以构成新的特征 c'，则称 c 为 c_0 的可积特征，记作：

$$c_0 \otimes c = c' \tag{4-23}$$

称特征 c' 为特征 c_0 与 c 之积。c_0 的可积特征集为：

$$C_\otimes(c_0) = \{c \mid c_0 \otimes c' \in L(c), c \in L(c)\} \tag{4-24}$$

b）量值的可积

若量值 v_0，$v \in V(c)$，v_0 与 v 同时存在且可以组成新的量值，则称 v 为 v_0 的可积量值，记作：

$$v_0 \otimes v = v' \tag{4-25}$$

称量值 v' 为量值 v 与 v_0 之积。v_0 的可积量值集为：

$$V_\otimes(v_0) = \left\{ v \,|\, v_0 \otimes v = v' \in V(c), v \in V(c) \right\}$$

（4-26）

c）产品知识物元的可积

给定知识物元 R_0，若同维知识物元 R 与 R_0 构成新的同维知识物元 R'，则称 R 关于 R_0 是可积的，记作：

$$R_0 \otimes R = R'$$

（4-27）

称知识物元 R' 为知识物元 R 与 R_0 之积。R_0 的可积量值集为：

$$W_\otimes(R_0) = \left\{ R \,|\, R_0 \otimes R = R' \in L_1(R), v \in L_1(R) \right\}$$

（4-28）

3）可分拓展

a）特征的可分

（1）聚分：若特征 $c_0 = c_1 \oplus c_2 \oplus \cdots \oplus c_n$，则称 c_0 可聚分为 $c_1, c_2, \cdots, c_n$。把特征 c_0 分解为 $c_1, c_2, \cdots, c_n$，称为特征的聚分，记作：

$$c_0 \,/\, \left\{ c_1, c_2, \cdots, c_n \right\}$$

（4-29）

（2）组分：若特征 $c_0 = c_1 \otimes c_2 \otimes \cdots \otimes c_n$，则称 c_0 可组分为 $c_1, c_2, \cdots, c_n$。把特征 c_0 分解为 $c_1, c_2, \cdots, c_n$，称为特征的组分，记作：

$$c_0 \,//\, \left\{ c_1, c_2, \cdots, c_n \right\}$$

（4-30）

b）量值的可分

（1）聚分：若量值 $v_0 = v_1 \oplus v_2 \oplus \cdots \oplus v_n$，则称 v_0 可聚分为 $v_1, v_2, \cdots, v_n$。把特征 v_0 分解为 $v_1, v_2, \cdots, v_n$，称为量值的聚分，记作：

$$v_0 \,/\, \left\{ v_1, v_2, \cdots, v_n \right\}$$

（4-31）

（2）组分：若量值 $v_0 = v_1 \otimes v_2 \otimes \cdots \otimes v_n$，则称 v_0 可组分为 $v_1, v_2, \cdots, v_n$。把特征 v_0 分解为 $v_1, v_2, \cdots, v_n$，称为量值的组分，记作：

$$v_0 \,//\, \left\{ v_1, v_2, \cdots, v_n \right\}$$

（4-32）

c）产品知识物元的可分

（1）聚分：若知识物元 $R_0 = R_1 \oplus R_2 \oplus \cdots \oplus R_n$，则称 R_0 可聚分为 $R_1, R_2, \cdots, R_n$。把特征 R_0 分解为 $R_1, R_2, \cdots, R_n$，称为产品知识物元的聚分，记作：

$$R_0 \,/\, \left\{ R_1, R_2, \cdots, R_n \right\}$$

（4-33）

（2）组分：若知识物元 $R_0 = R_1 \otimes R_2 \otimes \cdots \otimes R_n$，则称 R_0 可组分为 $R_1, R_2, \cdots, R_n$。把特征 R_0 分解为 $R_1, R_2, \cdots, R_n$，称为产品知识物元的组分，记作

$$R_0 // \{R_1, R_2, \cdots, R_n\} \tag{4-34}$$

4）可扩拓展集合

通过产品基本构造物元模型的可加、可积与可分，形成产品构造模型的可扩拓展集合，如图 4.3 所示。

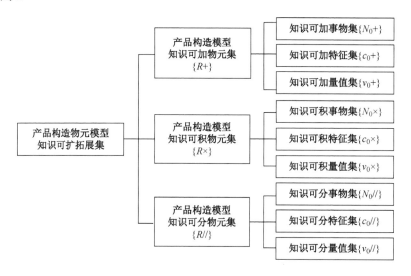

图 4.3　产品基本构造物元模型的知识可扩拓展

3．相关拓展

产品基本构造物元模型的不同组成部分知识物元之间，不同的产品知识成物元关于某个特征的量值之间总会存在着一定的依赖关系，这种关系被称为相关。由于这种相关性的存在，一个产品知识物元的量值的变化会导致与之相关的产品知识物元的变化。

1）相关性描述

a）内部相关性

对于同一产品知识物元 $N(t)$ 的两个特征 c_1, c_2（t 为某参变量），若满足：

$$c_1[N(t)] = f[c_2(N(t))] \tag{4-35}$$

则称特征 c_1 和 c_2 关于产品知识物元是相关的，记作：

$$c_1 \sim (N(t))c_2 \qquad (4\text{-}36)$$

b）外部相关性

对于产品知识物元，则有：

$$R_1(t) = \left(N_1(t), c_1, c_1(N_1(t)) \right) \qquad (4\text{-}37)$$

$$R_2(t) = \left(N_2(t), c_2, c_2(N_2(t)) \right) \qquad (4\text{-}38)$$

若满足

$$c_1[N_1(t)] = f[c_2(N_2(t))] \qquad (4\text{-}39)$$

则称产品知识物元 $R_1(t)$ 与 $R_2(t)$ 是相关的，记作：

$$R_1(t) \sim R_2(t) \qquad (4\text{-}40)$$

2）相关网拓展法

对于一个产品知识物元 R，它关于事物相关的知识物元和关于特征相关的知识物元的全体被称为 R 的相关网。相关网中任何一个知识物元的特征的变化，会导致相关网中其他知识物元的相应量值的改变。

a）带动变换

给定产品知识物元 $R_0 = (N_0, c_0, v_0)$，由于事物 N_0 的改变而导致量值 v_0 的改变的变换被称为带动变换，记为：

$$T_{N_0 \to v_0} R_0 = (N, c_0, c_0(N)) \qquad (4\text{-}41)$$

由事物的变化引起的某特征的相应量值的改变量被称为事物关于该特征的带动效应，记为：

$$dc(N_0, N) = c(N) - c(N_0) \qquad (4\text{-}42)$$

b）受迫变换

若给定产品知识物元为：

$$R_0 = \begin{bmatrix} N_0, & c_0, & v_0 \\ & c, & v \end{bmatrix} \qquad (4\text{-}43)$$

由于量值 v_0 的改变而导致另一特征 c 的量值 v 的改变的变换被称为受迫变换。即若：

$$\varphi(v_0) = v_0' \qquad (4\text{-}44)$$

则

$$T_\varphi(v) = v'$$

$(4\text{-}45)$

称 T_φ 为 φ 引起的受迫变换。

c）传导变换

在设计知识的实际运用中，不同产品知识物元之间的相互影响非常普遍。通过产品知识物元之间的传导变换加以实现。

给定产品知识物元 R，与 R 相关的产品知识物元为 $R_1, R_2, \cdots, R_n$。

对于 R 有变换 φ，使 R 变换为 φR，则对 $R_1, R_2, \cdots, R_n$ 有 $T_\varphi R_1, T_\varphi R_2, \cdots, T_\varphi R_n$，$T_\varphi$ 被称为传导变换因子。

在传导变换中，由于变换而引起的新的变换被称为二阶传导变换。例如，φ 引起了 $R_1, R_2, \cdots, R_n$ 的变化，使 $R_1, R_2, \cdots, R_n$ 变成了 $R_1', R_2', \cdots, R_n'$。由于 R 变成了 R'，故 R' 与 $R_1, R_2, \cdots, R_n$ 也有相关性，$R_1, R_2, \cdots, R_n$ 的变换又可能会引起 R' 的变化。

4．产品构造拓展模型

当产品基本构造模型无法满足某一组客户需求时，就可以充分利用共轭模型所特有的可拓展性质进行设计知识的拓展。不同的拓展性质体现了产品构造模型设计知识的不同方面。产品构造物元模型的发散性挖掘了产品模型各个视图和组成元素的所有可能性；产品构造物元模型的可扩性体现了产品模型中各内部资源的可组合性与可分解性；产品构造物元模型的相关性描述了产品模型中各种设计知识内部及各种设计知识之间的关联。

利用产品构造物元模型的发散性、可扩性与相关性，对产品族本构造物元模型进行拓展，形成的产品构造模型拓展集合。产品构造拓展集合与产品基本构造物元模型共同组成了产品拓展构造模型，如图4.4所示。

产品基本构造物元模型利用可拓推理的方式，基于物元的发散性、可扩性和相关性进行了产品构造模型的知识拓展，形成了产品拓展构造模型，实现了产品设计知识的派生。

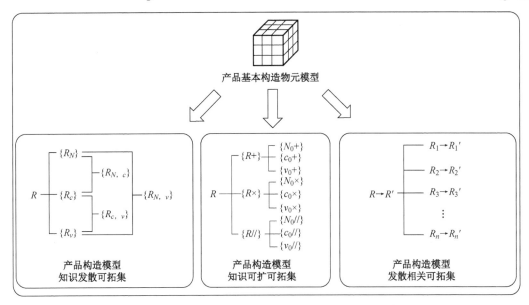

图 4.4　产品拓展构造模型

4.3　产品设计过程知识的可拓变换

4.3.1　产品设计过程知识蕴含系统的建立

之前的内容提出了产品设计事物元的概念。产品设计事物元不仅描述了设计结果，更将设计结果背后的设计行为通过形式化的方式进行了表述，并建立了设计行为与设计结果直接的对应关系，突出了产品设计知识的行为性。

在进行产品设计的过程中，由于产品设计事物元的建立，可以从一个新的角度去利用已有的产品设计资源，即建立一个基于设计过程的产品设计系统，以产品设计流程为主线，将各种已有产品设计知识通过这一主线进行汇集与选择。

1. 产品设计事物元的蕴含关系

设 $R = (d \rightarrow e, l, w)$，$R_1 = (d_1 \rightarrow e_1, l_1, w_1)$ 为两个设计事物元，若 R_1 存在，必有 R 存在，则称为 R_1 蕴含 R，记作 $R_1 \Rightarrow R$。

设 $R = (d \rightarrow e, l, w)$，$R_1 = (d_1 \rightarrow e_1, l_1, w_1)$ 和 $R_2 = (d_2 \rightarrow e_2, l_2, w_2)$ 为三个设计事物元，若

R_1 存在且 R_2 存在，必有 R 存在，则称设计事物元 R_1 与 R_2 蕴含 R，记作 $\{R_1, R_2\} \Rightarrow R$。

也可记作：

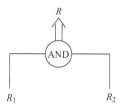

设 $R = (d \rightarrow e, l, w)$，$R_1 = (d_1 \rightarrow e_1, l_1, w_1)$ 和 $R_2 = (d_2 \rightarrow e_2, l_2, w_2)$ 为三个设计事物元，若 R_1 存在或 R_2 存在，必有 R 存在，则称设计事物元 R_1 或 R_2 蕴含 R，记作 $R_1 \Rightarrow R$ 或 $R_2 \Rightarrow R$。

也可记作

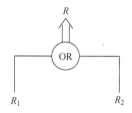

所有的蕴含关系可以进行传递与变化，但这也是有条件的。因此，可以根据设计事物元的蕴含关系进行设计过程的推理。

2. 产品设计过程知识蕴含系统

产品的设计知识的运用过程需要满足市场快速的需求。根据已经提取的客户的需求信息，以产品需求物元中为初始设计事物元中的设计目标，利用设计事物元的蕴含性，对产品的设计过程进行层层递推，建立产品设计过程知识蕴含系统，如图 4.5 所示。

产品设计过程蕴含系统包括以下特性。

a）可压缩性

当贯穿某一产品设计过程中的产品设计事物元都是以 AND 蕴含且没有其他外界条件，则最下位的设计事物元的全体可以蕴含最上位的设计事物元。

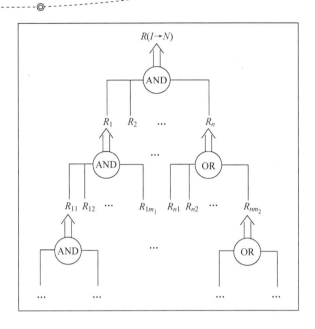

图4.5　产品设计过程蕴含系统

如某一设计过程的蕴含系统为：

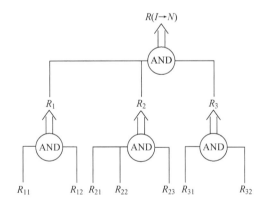

可以压缩表示为：

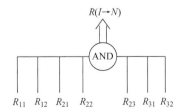

b）可截断性

对于一个产品设计过程知识蕴含系统，若从 i 层处进行截断，其下位仍然构成设计过程知识蕴含系统。

如某一设计过程知识蕴含系统为：

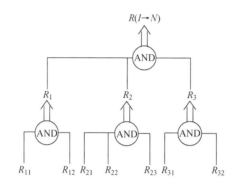

从第 2 层处截断，其下位就成为三个独立的蕴含系统，即：

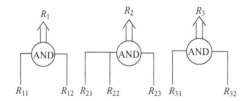

c）可膨胀性

对于一个设计过程知识蕴含系统，若从 i 层处插入一个上下蕴含关系成立的设计过程蕴含系统，则可以形成一个新的设计过程知识蕴含系统。

即若 $B_1 \Rightarrow B_2 \Rightarrow B_3$，且

$$B_1 \Rightarrow \begin{bmatrix} B_{11} \\ B_{12} \\ B_{13} \end{bmatrix} \tag{4-46}$$

$$\begin{bmatrix} B_{11} \\ B_{12} \\ B_{13} \end{bmatrix} \Rightarrow B_2 \tag{4-47}$$

则

$$B_1 \Rightarrow \begin{bmatrix} B_{11} \\ B_{12} \\ B_{13} \end{bmatrix} \Rightarrow B_2 \Rightarrow B_3 \qquad (4\text{-}48)$$

d）可增长性

对于一个设计过程知识蕴含系统 B，设 $\{B_{p1},B_{p1},\cdots,B_{pn}\}$ 是最下位设计事物元组，若对于某一 B_{pi}，在相同条件下，存在 $\{B_{pi},i=1,2,\cdots,n\}$ 以外的设计事物元组 $\{B_{T1},B_{T2},\cdots,B_{Tm}\}$ 作为 B_{pi} 的下位设计事物元，则

$$\{B_{p1},B_{p,i-1},\cdots,B_{T1},B_{T2},\cdots,B_{Tm},B_{p,i+1},\cdots,B_{pm}\}$$

成为设计过程知识蕴含系统新的最下位设计事物元。

对于某一设计过程知识蕴含系统

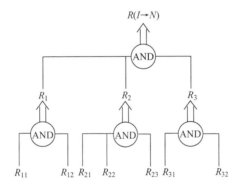

若有：

则有：

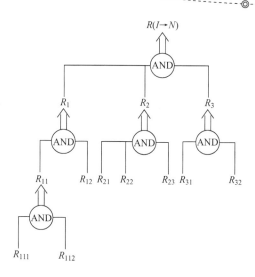

4.3.2 基于蕴含系统的变换派生

在设计过程中,每一个设计行为都是为实现某一功能或者达到某种设计结果而使用的。但是,要实现某种功能或者达到某种设计结果,并不是非使用一种设计方式不可,而是有多种选择。在已经建立了蕴含系统的基础上,可以通过产品设计事物元的变换特性来进行知识的派生。

1. 置换变换

在一个产品设计事物元中,可以用某一特征代替另一特征,用某一量值代替另一量值。因此,在由设计事物元组成的产品设计过程重用蕴含系统中,可以通过置换的方式进行设计过程信息的派生。

对于给定的设计事物元,有:

$$\boldsymbol{R}_0 = \boldsymbol{R}(I \rightarrow E) = \left[\left[\begin{bmatrix} d, & h_1, & u_1 \\ & h_2, & u_2 \\ & \vdots & \vdots \\ & h_n, & u_n \end{bmatrix} \rightarrow \begin{bmatrix} N, & c_1, & v_1 \\ & c_2, & v_2 \\ & \vdots & \vdots \\ & c_m, & v_m \end{bmatrix} \right] \begin{matrix} l_1 & w_1 \\ \\ l_2 & w_2 \\ \vdots & \vdots \\ l_p & w_p \end{matrix} \right] \qquad (4\text{-}49)$$

可以只变换其中的描述设计行为的特征 $h_1, h_2, \cdots, h_n$ 与相应的量值 $u_1, u_2, \cdots, u_n$ 描述设计行为；或者变换描述设计结果的特征 $c_1, c_2, \cdots, c_m$ 与相对应的量值 $v_1, v_2, \cdots, v_m$；或者变换描述整个设计过程的特征 $l_1, l_2, \cdots, l_p$ 与相应的量值 $w_1, w_2, \cdots, w_p$；也可以同时改变三个要素所包含的特征及其对应的量值。

2．分解变换

通过设计事物元组成各个元素的可组分性，可以对其中的设计行为、设计结果或是整个设计过程的描述进行分解。

对于给定的设计事物元，如式（4-49），可以根据其中设计行为与设计结果的对应关系，将这一设计过程分解为若干个设计过程的组合，式（4-50）为其中的一种组合。

$$
R_0 = \begin{bmatrix} \left[\begin{bmatrix} d, & h_1, & u_1 \\ & h_2, & u_2 \\ & \vdots & \vdots \\ & h_5, & u_5 \end{bmatrix} \rightarrow \begin{bmatrix} N, & c_1, & v_1 \\ & c_2, & v_2 \\ & \vdots & \vdots \\ & c_5, & v_5 \end{bmatrix} \right] & l_1 & w_1 \\ & l_2 & w_2 \\ & \vdots & \vdots \\ & l_4 & w_4 \end{bmatrix}
$$

$$
+ \begin{bmatrix} \left[\begin{bmatrix} d, & h_6, & u_6 \\ & h_7, & u_7 \\ & \vdots & \vdots \\ & h_n, & u_n \end{bmatrix} \rightarrow \begin{bmatrix} N, & c_6, & v_6 \\ & c_7, & v_7 \\ & \vdots & \vdots \\ & c_m, & v_m \end{bmatrix} \right] & l_5 & w_5 \\ & l_6 & w_6 \\ & \vdots & \vdots \\ & l_p & w_p \end{bmatrix}
$$

（4-50）

3．增删变换

对于组成产品设计事物元各个元素，可以对其中的设计行为、设计结果或是整个设计过程的描述中的特征与量值进行增删。

对于给定的产品设计事物元，如式（4-49），可以根据设计行为与设计结果的对应关系，将这一设计行为与设计结果增加描述的特征与量值，也可以对整个设计过程的描述删减若干个特征与量值。

$$R_0 = \left[\begin{bmatrix} d, & h_1, & u_1 \\ & h_2, & u_2 \\ & \vdots & \vdots \\ & h_{n+1}, & u_{n+1} \end{bmatrix} \rightarrow \begin{bmatrix} N, & c_1, & v_1 \\ & c_2, & v_2 \\ & \vdots & \vdots \\ & c_{m+1}, & v_{m+1} \end{bmatrix} \quad \begin{matrix} l_1 & w_1 \\ \\ l_2 & w_2 \\ \vdots & \vdots \\ l_{p-2} & w_{p-2} \end{matrix} \right] \tag{4-51}$$

4．扩缩变换

对于组成产品设计事物元各个元素，针对其中的设计行为、设计结果或是整个设计过程的特征描述的量值范围，可以进行扩充与缩减。

对于给定的设计事物元，如式（4-49），可以根据将其中的某一特征的量值范围进行改变，以派生出新的设计事物元。

4.4　产品设计过程知识的递归

通过建立产品设计过程知识蕴含系统及在这一系统上实现的产品设计过程知识的派生，形成对于产品设计过程知识的递归。已有的产品设计过程知识以产品设计事物元（单一设计事物元或层次设计事物元）的形式存在于产品设计知识实例库中。通过产品设计过程知识蕴含系统可以将产品设计事物元依据整个设计流程进行信息的串联。在知识的运用过程中，为满足不同产品设计的具体要求，需要进行产品设计过程知识的变换派生，从而转化成为新的产品设计事物元，这些新的设计事物元又可以成为新的产品设计实例模型，输入到库中，产品设计过程知识的递归过程如图 4.6 所示。

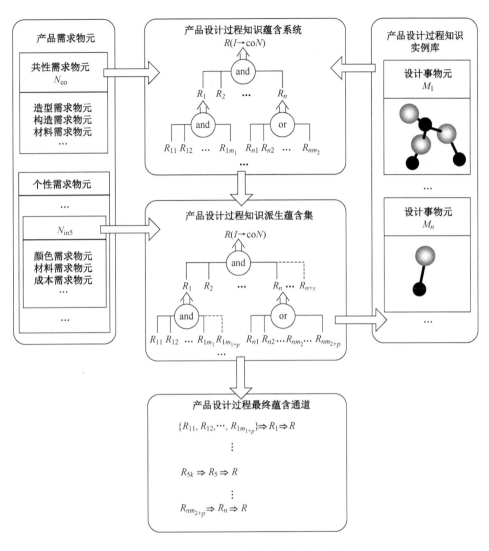

图 4.6　产品设计过程知识的递归过程

第 **5** 章

产品期望性能数据感知解析辨识技术

5.1 引言

　　质量是产品竞争力的保证，在设计过程中对产品质量进行分析与控制是目前学术界的普遍共识，这是因为质量特性是在设计迭代演化过程中逐步实现的，而影响产品质量的关键因素散布于产品设计全过程。性能作为质量特性的关键特征，具有多维、多阶的复杂关联关系，且伴随着设计过程的演进，以性能需求—期望性能—性能参数的形式影响着设计全过程。复杂产品具有的高度耦合且相互依赖的特征，使得设计过程中性能之间以多级传递、耦合、振荡、叠加及放大等效应的方式相互影响，极大地增加了性能设计的难度与可操作性。由于期望性能处于性能设计过程的最前端，对性能进行系统性的辨识可以对性能进行合理的分配并识别出关键性能，从而有利于后续设计过程对关键性能的满足及优化，是复杂产品性能设计研究领域的一项重要内容。

　　当前对期望性能的研究从需求端入手，以需求重要度及需求—工程特性关联关系重要度为依据，并融合解析获得期望性能重要度，但是此类方法注重性能的正向映射求解而忽略了产品在服役过程中性能波动的影响，导致其解析结果较为主观且不够精确，无法很好地涵盖整个设计过程。从产品性能设计演化机理分析来看，期望性能是用户对产品性能表现的目标，且以产品工程特性为形式表征，其重要度通过对语义性能需求的模糊量化求解，是产品设计的出发点与收敛边界。同时期望性能通过多级映射在设计中以性能参数的形式对产品性能进行具体化赋值表达。性能参数在服役过程中以波动的方式相互传递影响，因此一个较为全面的期望性能模型应该全盘考虑性能需求与性能参数并使其融合，以准确地表达性能在设计过程中的迭代关系与重要性。

本章针对期望性能在设计域中多重传递叠加的复杂产品，提出了基于状态感知的产品期望性能解析辨识技术。首先对性能在产品全生命周期的演化特性进行分析，构建了性能闭环解析模型并对其进行形式化表达；针对正向递推解析过程的模糊不确定信息，提出了基于直觉模糊数与灰关联分析的期望性能正向重要度实现水平度量；对期望性能的服役状态感知反馈进行分析，采用性能损失函数与泰勒级数展开对性能反向重要度进行迭代求解，并采用模糊积分对两类重要度函数进行非线性融合，实现期望性能重要度的准确辨识及度量。

5.2　产品期望性能闭环感知模型构建

期望性能定义为在设计早期描述用户对复杂产品性能目标的概念，其广泛存在于整个设计过程中。由于性能是产品市场核心竞争力的关键，因此在设计阶段需要对其进行全面的分析计算，期望性能的演化模型则是获取准确性能的基础。期望性能的数据既来自用户需求的语义化描述，也来自产品服役状态中性能参数的反馈分析。目前对期望性能的分析多集中于用户需求端的正向获取，忽略了性能参数反馈对目标性能的补偿修正过程。本节主要从需求端的正向过程与服役端的反馈过程进行综合分析，对抽象的性能演化过程进行建模，同时对模型进行形式化表达，有助于性能解析过程的显式化与清晰化。

对性能在产品设计过程中的演化规律进行分析，可以发现期望性能首先来源于客户需求，表达了客户对产品目标性能的约束与期望；其次，期望性能以性能参数的形式显示表达，通过在结构域中对产品的具体设计参数具体化赋值，使性能可以在装配设计、工艺规划及制造阶段得到继承与传递，从而保证了产品性能的一致性与满足性。以电液比例液压泵为例，在设计早期，客户对其设计的性能需要为噪声小、控制精度高、系统效率好等，但是此类性能在产品实际运行中，是以斜盘倾角、介质特性、黏度等性能设计参数的具体形式呈现。

根据上述分析，期望性能不仅需要能够表达显性的语义化性能需求，还要能够综合体现性能参数在结构域的波动情况,因此本节从性能演化机理的角度出发,提出期望性能闭感知环模型,用来全面表达性能在设计过程中的进化规律,其模型示意图如图 5.1 所示。

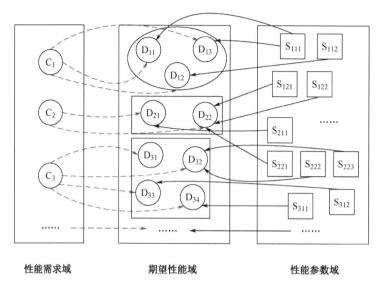

图 5.1 期望性能闭环感知模型示意图

为了能够简化模型,本节假设期望性能为独立同分布,主要考虑性能在设计过程中的信息流动过程,如果后续需要考虑性能之间的耦合现象,可以在本书的基础上对其自相关关系进行加权分析或通过综合耦合度分析计算即可。一个完整的期望性能闭环感知模型主要由性能需求域、期望性能域和性能参数域三部分组成,其信息流动主要在这三个域之间叠加流动反馈。

(1)性能需求域:性能需求数据主要来源于用户对产品的性能偏好,主要包含产品的使用性能、维修性能、环境性能等。在设计过程中可以采用质量功能展开、公理设计等方法对性能需求进行分析与演化,正向传递符合工程设计的工程特性,即期望性能。

(2)期望性能域:期望性能为设计者对产品目标性能的表达,也有相关文献称其为工程特性,本节从性能设计的角度定义为期望性能。期望性能是产品设计开始的前端,通过对性能意图的分析,可以在后续产品结构域中实现期望性能的具体化与显式化。

(3)性能参数域:性能参数是期望性能的具体赋值表达,在装配、制造等环节中为产品尺寸、间隙、公差等具体的性能参数赋值,是复杂产品从早期方案设计到实体化的关键。

性能闭环模型可以理解为性能需求域的正向传递与性能参数域的反向演化两个过程。正向传递过程主要是指对性能需求域进行分析，通过质量功能展开、公理设计的"之"字映射等方式，将性能需求表达为具有工程特性的期望性能及性能显式化的性能参数，实现性能在整个设计过程的正向传递。从质量设计的角度看，性能参数需要有较小的波动才能保证产品的稳健性与可靠性，因此反向演化过程从波动理论的角度出发，基于已有的产品数据对性能参数的波动特性进行分析，将其特征反向演化到正向传递相对应的期望性能，从而实现性能的补偿修正与准确辨识。

根据上述分析，期望性能闭环模型信息表示可以用一个 4 元组模型表示为：$PFB = (C, D, S, R)$，其中 $C = (C_1, C_2, C_3, ..., C_n)$ 表示 n 个性能需求集合，$D = \{(D_{11}, D_{12}), (D_{21}, D_{22}, D_{23}), ...\}$ 表示与性能需求相对应的具有工程特性的期望性能集合，$S = \{(S_{111}, S_{112}), (S_{211}), ...\}$ 表示与期望性能相对应的性能参数的集合，R 表示映射过程中所有对应关联关系的集合。为了能够对期望性能进行形式化表达，这里引入本体的概念，借助语义 Web 技术，便于语义信息在设计过程中重用、共享与优化配置。Web 本体描述语言（OWL）是一种用来描述 Web 服务的属性与功能的本体规范，以资源建模框架标准（RDFS）为概念模型框架，采用描述逻辑进行服务过程间的逻辑关系表达和关系推理，具有很强的信息表达能力与逻辑推理能力。关于本体研究内容参见相关文献，本书不做具体介绍。通过抽取目标性能语义信息，构建性能形式化表达模型见表 5.1。

表 5.1 基于 OWL 的期望性能形式化表达

```
<owl:Ontology>
<owl:Classrdf: ID=EquipResource> //类名称
<rdfs:subClassofrdf:resource=Resource/> //父类
<rdfs:differeniFromrdf:resource=HumanResource>
……
<owl:Classrdf:ID="期望性能属性"/>
<owl:Classrdf:about="#本体概念"><rdfs:subClassofrdf:resource="#目标性能
属性"
/></owl:Class>
<owl:Classrdf:about="#本体属性" ><rdfs:subClassofrdf:resource="#目标性能
属性"
/></owl:Class>
```

续表

```
    <owl:Class:df:about="#本体关联" ><rdfs:subClassofrdf:resouree="#目标性能
属性 //></owl:Class>
    <owl:Classrdf:ID="性能名称"><rdfs:subClassofrdf:resource="#本体概念"/>
</owl:Class>
    <owl:Classrdf:ID="性能类别"><rdfs:subClassofrdf:resource="#本体概念"/>
</owl:Class>
    <owl:Classrdf:ID="意图属性"><rdfs:subClassofrdf:resource="#本体属性"/>
</owl:Class>
    <owl:Classrdf:ID="约束属性"><rdfs:subClassofrdf:resource="#本体属性"/>
</owl:Class>
    <owl:Classrdf:ID="继承关系"><rdfs:subClassofrdf:resource="#本体关联"/>
</owl:Class>
    <owl:objectProPerty>//属性定义
    <owl:Grouprdf:ID=concept>//概念属性组定义
    <owl:hasDataTypeProPertyrdf:resource=resourceID/>
    <owl:hasDataTypePropertyrdf:resource=resName/>
    <owl:hasobjectProPertyrdf:resource=ResOwner/>
    .......
    </owl:Group>
```

5.3 不确定条件下的期望性能递推解析度量

性能可以认为是用户对产品满意程度的函数，产品设计总是以设计出用户满意的产品为目标，而性能正是对这类抽象描述的具体表征。在产品设计早期，需要对以客户需求进行分析与转换，解析得到可用于指导后续设计过程的期望性能。由于此阶段的信息具有模糊不确定性的特点，通常需要引入模糊数学中的相关方法对不确定信息进行定量化表达。本节引入直觉模糊数与灰关联分析对期望性能递推解析过程中的不确定信息进行处理，得到精确的定量化期望性能重要度函数，使得在设计早期能够对产品性能意图有一个直观的认识。

5.3.1 不确定性能语义分析与量化表达

在产品设计模糊前端，性能通常以模糊语言变量的方式存在。以液压机中的液压泵为例，通常以流量均匀、压力脉动小、噪声小、密封性能较好等具有模糊不确定特性的语言来表征；同时为了能够定量表示性能元素之间重要关系，也需要设计决策者以语言变量的方式对其关系进行表达，这里的不确定语义指的是一类模糊语义表达的语言变量。本节引入直觉模糊数的理论，旨在对不确定的性能语义信息进行更全面的分析与表达。

在实际应用中，模糊集隶属函数值仅是一个单一的值，无法同时表达支持、反对和犹豫的证据。直觉模糊数是对 Zadeh 的模糊集的扩展，除了包含隶属关系，增加了认知过程中对事物表现一定程度犹豫的关系，使得处理模糊性与不确定性更加灵活。由于设计早期认知过程表现出强烈的模糊不确定特征，因此引入直觉模糊数能够更好地处理不确定语义信息地量化表达。这里首先对直觉模糊数做如下定义：

定义 5.1：设 X 是一个给定论域，则 X 上的直觉模糊集 A 可以表示为 $A = \{\langle x, \mu_A(x), \nu_A(x) \rangle \mid x \in X\}$。其中，$\mu_A(x)$ 和 $\nu_A(x)$ 分别表示 X 中元素属于 A 的隶属度和非隶属度 $\mu_A : X \to [0,1]$，$\nu_A : X \to [0,1]$，且满足条件 $0 \leqslant \mu_A(x) + \nu_A(x) \leqslant 1$，称 $\pi_A(x) = 1 - \mu_A(x) - \nu_A(x)$ 表示 X 中元素 x 属于 A 的犹豫度。

定义 5.2：设 $\alpha = (\mu_\alpha, \nu_\alpha)$，$\beta = (\mu_\beta, \nu_\beta)$ 为两个直觉模糊数，则称 $S(\alpha) = \mu_\alpha - \nu_\alpha$ 与 $H(\alpha) = \mu_\alpha + \nu_\alpha$ 为直觉模糊数 α 的价值函数与精度函数，$S(\beta) = \mu_\beta - \nu_\beta$ 与 $H(\beta) = \mu_\beta + \nu_\beta$ 为直觉模糊数 β 的价值函数与精度函数，有：

（1）如果 $S(\alpha) > S(\beta)$，则 $\alpha > \beta$；

（2）当 $S(\alpha) = S(\beta)$ 时，如果 $H(\alpha) > H(\beta)$，则 $\alpha > \beta$，如果 $H(\alpha) = H(\beta)$，则 $\alpha = \beta$。

定义 5.3：设 $\alpha_j = (\mu_{\alpha_j}, \nu_{\alpha_j})$ $(j = 1, 2, ..., n)$ 为一组直觉模糊数，且设 IFWA：$\Theta^n \to \Theta$，若 $\mathrm{IFWA}_\omega(\alpha_1, \alpha_2, ..., \alpha_n) = \omega_1 \alpha_1 \oplus \omega_2 \alpha_2 \oplus \cdots \oplus \omega_n \alpha_n$，则称 IFWA 为直觉模糊加权平均算子，其中 $\omega = (\omega_1, \omega_2, ..., \omega_n)^2$ 为 α_j 的权重向量。

在产品规划初期，通过市场调查、口语分析及现场咨询等方式，确定了复杂产品的性能需求指标 $D = \{D_i \mid i = 1, 2, ..., m\}$，这里为了便于分析，假设获得的性能指标已经经过聚类、去噪、去冗余等相关处理。设 $E = (e_1, e_2, ..., e_l)^{\mathrm{T}}$ 为设计人员的决策者集，$\theta = (\theta_1, \theta_2, ..., \theta_l)$ 为决策者的权重，可以根据决策者所在的地位、知识层次及经验丰富程度所决定。首先设计决策者 $e_k \in E$ 对性能需求指标之间用直觉模糊数进行定量偶对比较，构建直觉模糊矩阵 $\boldsymbol{R}_k = (r_{ij}^k)_{m \times m}$，其中 $r_{ij}^k = (\mu_{ij}^k, \nu_{ij}^k)(i, j = 1, 2, ..., m)$，$\mu_i^k$ 表示对性能需求指标 D_i 与 D_j 进行偶对

比较时 D_i 更为重要的程度，同理 v_{ij}^k 表示 D_j 更为重要的程度。利用直觉模糊平均算子如式（5-1）所示，对直觉模糊矩阵中的每一行进行集结，得到设计决策者 e_k 对性能需求指标的综合直觉模糊信息。

$$r_i^k = \text{IFA}\left(r_{i1}^k, r_{12}^k, \ldots, r_{in}^k\right) = \frac{1}{n}\left(r_{i1}^k \oplus r_{i2}^k \oplus \ldots \oplus r_{in}^k\right) \tag{5-1}$$

利用直觉模糊加权平均算子集成相应于 l 个设计决策者的直觉偏好值 r_i^k，得到性能需求指标 D_i 相对于其他指标重要程度的综合直觉偏好值 r_i，如式（5-2）所示。

$$r_i = \text{IFWA}_\theta\left(r_i^1, r_i^2, r_i^3, \ldots, r_i^l\right) \tag{5-2}$$

最后通过所有性能需求指标的综合直觉偏好值进行规范化处理与修正，得到了性能需求重要度向量 $w = \left(w_1, w_2, \ldots, w_i, \ldots w_n\right)$，如式（5-3）所示。

$$w_i = \frac{r_i}{\sum_{i=1}^{m} r_i} \tag{5-3}$$

5.3.2 期望性能正向重要度解析与度量

需求重要度表达的物理意义是表示用户需求端对性能的偏好程度，但是根据性能演化模型可知，期望性能重要度是以初始重要度与期望性能—特性映射关联关系为变量的函数，映射关联关系表征的物理意义是表示期望性能对性能需求的满足程度。为了计算方便，本节采用区间模糊数作为关联关系评价值，区间模糊数与直觉模糊数的转化关系可以参考相关文献。假设有 m 个性能需求，n 个期望性能，则第 i 个期望性能对应第 j 个性能需求的关联关系评价记为 (a_{ij}^l, a_{ij}^u)，其中，a_{ij}^l 和 a_{ij}^u 分别表示区间模糊数的下界与上界，则关于性能需求与期望性能的关联关系评价决策矩阵可以表示为：

$$\boldsymbol{K} = \begin{bmatrix} (a_{11}^l, a_{11}^u) & (a_{12}^l, a_{12}^u) & \cdots & (a_{1n}^l, a_{1n}^u) \\ (a_{21}^l, a_{21}^u) & (a_{22}^l, a_{22}^u) & \cdots & (a_{2n}^l, a_{2n}^u) \\ & & \cdots & \\ (a_{m1}^l, a_{m1}^u) & (a_{m2}^l, a_{m2}^u) & \cdots & (a_{mn}^l, a_{mn}^u) \end{bmatrix} \tag{5-4}$$

首先将评价矩阵进行拆分，得到下界矩阵 $\boldsymbol{K}^l$ 和上界矩阵 $\boldsymbol{K}^u$，下界矩阵是对评价矩阵 $\boldsymbol{K}$ 中的区间模糊数取下界所得，同理上界矩阵是对其取上界所得，通过对上下界矩阵进行最大最小运算，求得正理想解 $F^+ = (f_1^+, f_2^+, ..., f_m^+)^T$ 与负理想解 $F^- = (f_1^-, f_2^-, ..., f_m^-)^T$。当性能需求为望大性时，$f_j^+ = \max a_{ij}^u$，$f_j^- = \min a_{ij}^l$。当性能需求为望小性时，$f_j^+ = \min a_{ij}^u$，$f_j^- = \max a_{ij}^l$。对正理想解与负理想解中的元素进行量纲归一化处理，保证数据的等效性与同序性，对于望大性性能需求，有 $X_{ij}^u = a_{ij}^u / f_j^+$，$X_{ij}^l = f_j^- / a_{ij}^l$；对于望小性性能需求，有 $X_{ij}^u = f_j^+ / a_{ij}^u$，$X_{ij}^l = a_{ij}^l / f_j^-$。

灰关联分析是一种研究因素间关联程度的定量分析方法，其原理是通过对统计序列几何关系的比较来判断系统中多因素间的关联程度大小，具有计算过程简单、直接及性能稳定的优点。本节引入灰关联度量关联关系评价指标的上下界与正理想解和负理想解之间的距离，首先计算上下界与正理想解和负理想解之间的灰关联系数，分别表示为式（5-5）与式（5-6）。

$$\xi_i^+(j) = \frac{\min\limits_j \min\limits_i \left|1 - X_{ij}^u\right| + \rho \max\limits_j \max\limits_i \left|1 - X_{ij}^u\right|}{\left|1 - X_{ij}^u\right| + \rho \max\limits_j \max\limits_i \left|1 - X_{ij}^u\right|} \tag{5-5}$$

$$\xi_i^-(j) = \frac{\min\limits_j \min\limits_i \left|1 - X_{ij}^l\right| + \rho \max\limits_j \max\limits_i \left|1 - X_{ij}^l\right|}{\left|1 - X_{ij}^l\right| + \rho \max\limits_j \max\limits_i \left|1 - X_{ij}^l\right|} \tag{5-6}$$

其中，ρ 为给定的分辨系数，一般取值为 $\rho = 0.5$。

得到关联系数后，基于性能需求重要度，可以计算评价指标上下界与正理想解和负理想解之间的灰关联度，分别表示为式（5-7）与式（5-8）。

$$\mathrm{Dist}^+ = \sum_{j=1}^m w_j \xi_i^+(j) \tag{5-7}$$

$$\mathrm{Dist}^- = \sum_{j=1}^m w_j \xi_i^-(j) \tag{5-8}$$

由关联关系的上下界与正负理想解的关系可知，越接近正理想解则表明性能需求与期望性能之间的关系更加密切，则两者之间应该具有更高的重要度，假设期望性能的重要度为 η_i，用来表达接近正理想解的程度，则接近负理想解的程度表达为 $1 - \eta_i$，引入非线性规则：

$$\min Q = (\eta_i)^2 (\mathrm{Dist}^+)^2 + (1 - \eta_i)^2 (\mathrm{Dist}^-)^2 \tag{5-9}$$

对式（5-9）进行求导最优化，可得正向过程的期望性能重要度（亦叫作正向重要度）为：

$$\eta_i = \frac{(\text{Dist}^-)^2}{(\text{Dist}^+)^2 + (\text{Dist}^-)^2}$$

（5-10）

5.4 状态感知反馈的期望性能综合辨识计算

根据构建的性能演化机理模型，期望性能在结构域以性能参数的形式存在，性能参数的波动将直接影响期望性能取值的合理性，超出容限阈值的性能参数可以被认为存在质量问题。为了能够提高期望性能的辨识精度，本节对产品服役过程中波动较大的性能参数进行反向补偿，对正向重要度进行融合修正，从而更加准确且全面地对期望性能进行辨识。下面进行具体介绍。

5.4.1 期望性能服役状态感知反馈分析

由性能演化模型可知，性能需求以期望性能的形式表征量化，指导产品详细设计与仿真计算，而从结构域中可以看到，性能参数在服役过程中以波动的形式影响着产品的质量与稳健性。产品的波动来源于加工、安装、使用过程等人为因素及工况环境变化等不确定因素，使得设计变量的值域发生偏离，通过叠加震荡作用于性能参数上，导致性能参数与目标值存在偏离，其波动机理如图 5.2 所示。由于当前在产品设计过程中多假设设计参数不受外界条件干扰，因此真实波动超过设计阈值时，将导致产品出现严重的质量问题。目前的研究成果，如稳健设计就是通过合理地选择设计取值点，将设计参数域的波动控制在容差范围内，从而保证性能的稳健性。本节借鉴稳健设计研究的基础，通过波动的影响来分析期望性能的重要性。

综上所述，产品质量的核心问题可以归纳为性能参数波动偏离容限阈值的表象。从性能增强的角度，引入反馈环节对期望性能重要度的影响性分析有利于保证并提高产品质量。服役状态感知反馈就是通过利用服役过程中的性能相关状态数据对期望性能映射的性能参数进行波动分析，识别出波动影响较大的性能参数并计算其重要度，随后利用模糊积分将其对正向重要度进行补偿融合修正，从而获得较为准确的重要度函数。

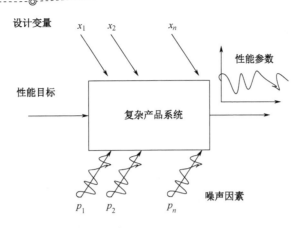

图 5.2　性能参数波动影响分析

5.4.2　基于性能损失的反向重要度确定

田口质量观的质量损失函数描述了产品质量特性偏离设计目标给设计带来的损失，产品投入使用后，其质量的波动会给用户和社会造成损失，输出特性离目标值越远，造成的损失越大，其通常也适用于性能的波动。因此为了能够对性能波动进行分析，引入田口质量观理论对性能波动特性进行建模分析，定义性能损失函数作为产品性能参数偏离性能目标给产品设计带来的损失。

假设产品期望性能域包含 m 个期望性能，记为集合 $\mathrm{DI} = \{\mathrm{DI}_1, \mathrm{DI}_2, ..., \mathrm{DI}_m\}$，其中某一个期望性能 $\mathrm{DI}_i(i \in m)$ 映射得到 n 个性能参数表征，记为集合 $\mathrm{DN}_i = \{y_i^1, y_i^2, ..., y_i^n\}$，设其中某一个性能参数在服役过程中的性能值为 y_i^j，目标值为 $\bar{y}_i^j$（其数据来源于已有同类产品的设计与运行日志文档），则性能损失函数可以用式（5-11）表征：

$$L(y_i^j) = k_i^j((\sigma_i^j)^2 + (\delta_i^j)^2) \tag{5-11}$$

其中，k_i^j 为性能参数 y_i^j 的质量损失常数，σ_i^j 为性能参数 y_i^j 的方差，δ_i^j 为均值偏离，$\delta_i^j = \mu_i^j - \bar{y}_i^j$，$\mu_i^j$ 表示性能参数的均值。

设期望性能产生的微小波动表示为 $\Delta\mathrm{DI}_i$，可以理解为其由 n 个性能参数波动的叠加融合，采用泰勒级数展开，可以得到如下关系：

$$\Delta\mathrm{DI}_i = \frac{\partial\mathrm{DI}_i}{\partial y_i^1}\Delta y_i^1 + \frac{\partial\mathrm{DI}_i}{\partial y_i^2}\Delta y_i^2 + \cdots + \frac{\partial\mathrm{DI}_i}{\partial y_i^n}\Delta y_i^n \tag{5-12}$$

其中，$\dfrac{\partial \mathrm{DI}_i}{\partial y_i^n}$ 为波动传递系数，该系数可以通过多项式响应面法构建显式函数进行计算，在此处不再赘述。为了简化计算过程，本节假设各性能参数独立同分布，且服从正态分布，则期望性能与性能参数之间的统计关系可以表示为：

$$\sigma_{\mathrm{DI}_i}{}^2 = \left(\frac{\partial \mathrm{DI}_i}{\partial y_i^1}\right)^2 \left(\sigma_i^1\right)^2 + \left(\frac{\partial \mathrm{DI}_i}{\partial y_i^2}\right)^2 \left(\sigma_i^2\right)^2 + \cdots + \left(\frac{\partial \mathrm{DI}_i}{\partial y_i^n}\right)^2 \left(\sigma_i^n\right)^2 \tag{5-13}$$

$$\delta_{\mathrm{DI}_i} = \frac{\partial \mathrm{DI}_i}{\partial y_i^1} \delta_i^1 + \frac{\partial \mathrm{DI}_i}{\partial y_i^2} \delta_i^2 + \cdots + \frac{\partial \mathrm{DI}_i}{\partial y_i^n} \delta_i^n \tag{5-14}$$

根据期望性能与性能参数的统计关系，提取系数向量并定义波动传递系数矩阵和波动传递方差矩阵分别如式（5-15）和式（5-16）所示。

$$\boldsymbol{\gamma} = \begin{bmatrix} \dfrac{\partial \mathrm{DI}_1}{\partial y_1^1} & \dfrac{\partial \mathrm{DI}_1}{\partial y_1^2} & \cdots & \dfrac{\partial \mathrm{DI}_1}{\partial y_1^n} \\ \dfrac{\partial \mathrm{DI}_2}{\partial y_2^1} & \dfrac{\partial \mathrm{DI}_2}{\partial y_2^2} & \cdots & \dfrac{\partial \mathrm{DI}_2}{\partial y_2^n} \\ \vdots & \vdots & & \vdots \\ \dfrac{\partial \mathrm{DI}_m}{\partial y_m^1} & \dfrac{\partial \mathrm{DI}_m}{\partial y_m^2} & \cdots & \dfrac{\partial \mathrm{DI}_m}{\partial y_m^n} \end{bmatrix} \tag{5-15}$$

$$\boldsymbol{\xi} = \begin{bmatrix} (\dfrac{\partial \mathrm{DI}_1}{\partial y_1^1})^2 & (\dfrac{\partial \mathrm{DI}_1}{\partial y_1^2})^2 & \cdots & (\dfrac{\partial \mathrm{DI}_1}{\partial y_1^n})^2 \\ (\dfrac{\partial \mathrm{DI}_2}{\partial y_2^1})^2 & (\dfrac{\partial \mathrm{DI}_2}{\partial y_2^2})^2 & \cdots & (\dfrac{\partial \mathrm{DI}_2}{\partial y_2^n})^2 \\ \vdots & \vdots & & \vdots \\ (\dfrac{\partial \mathrm{DI}_m}{\partial y_m^1})^2 & (\dfrac{\partial \mathrm{DI}_m}{\partial y_m^2})^2 & \cdots & (\dfrac{\partial \mathrm{DI}_m}{\partial y_m^n})^2 \end{bmatrix} \tag{5-16}$$

通过式（5-15）和式（5-16）可得期望性能与其映射的性能参数之间的关系表征为：

$$\sigma_{\mathrm{DI}_i}{}^2 = \sum_{j=1}^{n} \xi_{ij} (\sigma_i^j)^2 \tag{5-17}$$

$$\delta_{\mathrm{DI}_i} = \sum_{j=1}^{n} \gamma_{ij} \delta_i^j \tag{5-18}$$

为了分析性能参数对期望性能的影响，实现波动信息反向传递以获得期望的重要度，本节借鉴灵敏度分析理论，提出性能灵敏度的概念，用于量化表征性能参数对期望性能的影响程度，可以用式（5-19）表示：

$$\Delta S_{\mathrm{DI}_i} = \int \frac{\partial S_{\mathrm{DI}_i}}{\partial \sigma_i^j} d\sigma_i^j + \int \frac{\partial S_{\mathrm{DI}_i}}{\partial \delta_i^j} d\mu_j \tag{5-19}$$

因此将上述各公式联立，可以得到性能参数 y_i^j 对期望性能的灵敏度为：

$$\Delta(y_i^j \rightarrow \mathrm{DI}) = \sum_{i=1}^{m} k_i^j (\xi_{ij}((\bar{\sigma}_i^j)^2 - (\sigma_i^j)^2) + \gamma_{ij}^2 (\bar{\delta}_i^j)^2 - (\delta_i^j)^2)) \tag{5-20}$$

故状态反馈分析的期望性能 DI_i 重要度（也称作反向重要度）可以表示为：

$$\omega_{\mathrm{DI}_i} = \frac{\sum_{j=1}^{n} \Delta(y_i^j \rightarrow \mathrm{DI})}{\sum_{i=1}^{m} \sum_{j=1}^{n} \Delta(y_i^j \rightarrow \mathrm{DI})} \tag{5-21}$$

5.4.3　考虑互补关系的期望性能融合辨识

由于正向传递与状态感知对性能重要度的解析具有属性互补的关联关系，使得属性权重的可加性遭到破坏，导致采用加权平均算子融合计算期望性能重要度过程失效。本节采用考虑互补关系的模糊积分方法来融合两种性能重要度，从而提高性能重要度的辨识精度。

有别于概率测度，日本学者 Sugeno 提出了一个正规的、单调的、连续的集函数的模糊测度概念，放弃了概率测度的可加性，取而代之的是更广泛的单调性，更符合人类日常的推断活动。模糊积分是模糊测度的相应的一种泛函，具体为：设 $(X, \wp)$ 是一个可测空间，$\mu : \wp \rightarrow [0,1]$ 是模糊测度，$f : X \rightarrow [0,1]$ 是 $\wp$ 的可测函数，$A \in \wp$，则 f 在 A 上关于 μ 的模糊积分为：

$$f_A f \mathrm{d}\mu = \bigvee_{\alpha \in [0,1]} [\alpha \wedge \mu(F_\alpha \bigcap A)] \tag{5-22}$$

Choquet 积分是一种被称为容度的模糊积分，容度是一个集函数，其定义域为所设空间的幂集，值取于实数 $\mathbf{R}$，且满足单调性与连续性。利用数学归纳法与转换关系，可以获得准则集的 n-可加模糊 Choquet 积分表达式为：

$$C(k_1, k_2, ..., k_n) = \sum_{i=1}^{n} \mu(N_{(r)})(k_{(r)} - k_{(r-1)}) \tag{5-23}$$

其中，(r) 表示对按照准则评估值进行一次排序操作，需要满足 $k_{(1)} \leqslant k_{(2)} \leqslant \cdots \leqslant k_{(n)}$ 且

规定 $k_{(1)} = \varnothing$，$\mu(N_{(r)})$ 表示对准则的模糊测度。由于本节主要是对性能重要度评价时考虑正向与反向过程的互补关联关系，因此采用 2-可加模糊 Choquet 离散积分对在双向互反馈覆盖下的期望性能重要度进行非线性迭代融合。

假设期望性能集合表示为 $DI = \{DI_1, DI_2, ..., DI_m\}$，对于第 i 个性能意图 DI_i 来说，其通过正向传递得到期望性能重要度表示为 DI_i^+，其通过服役过程感知反馈获得的期望性能重要度表示为 DI_i^-，定义在同一个辨识框架下期望性能与性能需求的关联关系为 R_i^+，其数值可以通过之前章节中的方法获得，或通过专家基于知识及经验所给出的语义评定；期望性能与性能参数之间的关联关系为 R_i^-，其可以通过性能参数之间的耦合程度由灵敏度分析获得，亦可通过专家语义评定。基于上述假设，对于期望性能 DI_i 的融合重要度计算公式如式（5-24）所示。

$$\Omega_i(R_i^+, R_i^-) = (R_i^+, R_i^-) \odot (g_\lambda(R_i^+), g_\lambda(R_i^-))$$

$$= \sum_{\pi>0}(R_i^+ \wedge R_i^-)\pi + \sum_{\pi<0}(R_i^+ \vee R_i^-)|\pi| + R_i^+\left(DI_i^+ - \frac{|\pi|}{2}\right) + R_i^-\left(DI_i^- - \frac{|\pi|}{2}\right) \quad (5\text{-}24)$$

其中，π 为正向传递与感知反馈关联关系的互补因子，其主要通过对正向重要度与反向重要度进行对比过程中人为确定，$\pi > 0$，表明两者之间具有较大的互补性，相互补充从而增加了性能意图重要度，从信息论的角度则减少了评价带来的不确定性；$\pi < 0$，表明两者之间具有冗余关系，可以适当地进行合并；$\pi = 0$，表明两者独立无关，这时积分模型还原为传统的线性相加决策模型。最后，通过对所有的期望性能融合解析，并对其进行归一化处理，得到规范化的期望性能重要度为：

$$\lambda_i = \frac{\Omega_i(R_i^+, R_i^-)}{\sum_{i=1}^n \Omega_i(R_i^+, R_i^-)} \quad (5\text{-}25)$$

第**6**章

产品结构性能约束传递模糊适配技术

6.1 引言

    功能实现是保证产品性能的关键，它集成了多学科的领域知识、健壮的设计理论及丰富的实践经验，根据具体的约束信息进行综合分析与推理，才能获得合理的设计方案。在产品概念设计中，结构是指能产生所要求行为、完成预定功能的载体；结构设计主要是在原理设计的基础上，确定整个概念产品的特征结构，其主要任务是考虑功能要求在几何与结构层次上如何得到满足，因此定义结构性能用于抽象表征产品概念设计过程中结构设计阶段的产品性能。更进一步讲，结构性能主要反映概念设计阶段设计方案的功能实现水平。为了实现复杂产品的快速设计，设计者通常的设计范式是基于已有设计知识进行最优适配，演化得到结构性能水平最大化的设计方案。失配的功构模型会导致设计过程发散，无形中增加了大量的迭代运算，从而降低了设计效率。性能适配就是以性能约束为核心，在设计空间中以功构映射与结构综合为手段，适配得到最符合性能约束条件的设计方案的过程，从而保证设计方案的结构性能。随着计算机辅助概念设计的蓬勃发展，性能适配逐渐成为当下在设计早期阶段研究的热点。

    性能适配需要在庞大的设计空间中搜索满足设计约束的物理结构实例，同时又要将大量符合条件的结构实例进行启发式组合。有的学者提出了实例推理、启发式搜索、商空间、约束网络等方法对功能进行推理计算，但是目前的方法普遍忽略了约束信息在性能适配过程中的关键作用；同时，对于拥有大量物理结构实例的复杂产品而言，其适配推理过程面临大量高维数据，当出现设计迭代时，设计效率会大大降低。一般而言，适配过程受到设计约束信息的制约，而此类约束信息的数据来源于性能辨识阶段用户与设计者的分布式估计判定，具有模糊冗余性的特点；约束信息从功能域到结构域具有关联传递的特性：在功构映射阶段以约束信息作为特征值进行相似度解析，匹配具有较优结构性能的物理结构实例，实现了设计空间的缩减；在结构综合阶段以约束信息为边界，在设计空间中寻找最优结构性能的适配结果，避免组合爆炸的发生，因此性能适配过程是一个复杂的 NP 问题，约束信息的引入更是极大地增加了问题求解的难度与复杂程度。

本章提出了基于约束传递的产品结构性能模糊适配技术。首先对结构性能中的约束信息进行分析，采用粗糙集对冗余的约束空间进行约简，以隶属度的方式对约束空间中的多源约束进行一致性转换，并提出模糊关联相似度的计算方法，以关联相似度为依据，通过约束满足算法的初次过滤与实例推理算法的二次过滤技术，实现行为性能驱动下功能域到结构域的关联推理映射。同时构建了以成本、质量及物理相容性为目标的性能适配数学模型，提出了基于约束水平的离散差分进化算法对带约束的适配过程进行多目标求解，采用一种约束满足偏差最小的方案决策方法选取最终的适配结果，从而获得行为结构性能较优的产品设计方案。

6.2　结构性能的约束空间分析

性能设计约束空间是对用户需求的工程特性表征，是保证产品概念设计阶段结构性能的关键因素，在设计过程中控制着产品设计求解与决策的方向。在性能推理适配过程中，由于需求信息表达的不完备性与模糊性，导致性能约束通常以多模态、不确定与冗余的方式存在。为了保证设计过程的收敛，通常需要对约束空间进行约简，提取关键约束作为适配推理的变量集。同时为了保证推理计算过程的精确度，需要对多模态表征的性能约束进行一致性转换，避免了约束在不同量纲与值域下融合的问题。

6.2.1　性能约束的分类与表征

根据不同的使用角度，对产品性能设计的约束分类方式有很多。从产品的全生命周期角度，可以划分为几何约束、制造约束与装配约束等；从产品的功能需求角度，可以划分为功能约束与非功能约束。本节对于约束的分类主要基于推理的角度，根据约束信息的属性值域表达类型，将设计约束信息分为区间型约束、布尔型约束、结构型约束与数值型约束，具体分析如下。

（1）区间型约束主要以区间的数学形式为值域对约束信息进行定义表征，如定义液压机滑块的移动行程范围、液压泵的可靠度范围等。这类约束信息通常用于处理连续分布表达域的行为属性的上下限与安全系数问题。

（2）布尔型约束主要以"是非型"二值逻辑的数学形式为值域，对约束信息进行定义表征，常用于处理某些重要行为属性的逻辑判断，拥有对整个物理结构实例的一票否决权，如定义液压机机身为框架式结构等。

（3）结构型约束主要以离散的结构数值的数学形式为值域，对不确定的约束信息进行定义表征。这类形式的约束信息常常用于由于用户的知识经验的模糊性与认识水平不足的非完备性导致以模糊语义的方式呈现的情况，如定义液压机的非功能性需求中的环保性、可操作性等约束信息，通常用语言变量（好、一般、差等）这类离散的结构数值进行表征。为了能够对此类模糊信息进行精确化计算，采用 L-R 型模糊数中最为经典的三角模糊数对其转化表达。

（4）数值型约束主要以确定的数值进行定义表示的约束信息，此类约束通常是确定性的，如定义液压机拉杆的长度为100cm，液压泵的额定功率为5000W 等。

6.2.2　基于粗糙集的约束空间约简

在性能适配推理过程中，基于用户需求分析的性能约束是保证产品结构性能的重要变量，但是由于复杂产品功能众多且耦合关联性强，对其定义的约束信息之间存在明显的关联，这些关联关系或是互补，或是互斥。例如，用户对液压机的整体框架结构要求为整体承载能力好，便于设备安装；对液压机中的油缸要求为具有一定的控制精度，具有一定的互补性；而对于安全可靠，绿色环保、性价比高等性能约束则具有一定的互斥性。复杂产品设计过程中，约束信息众多且具有非完备、耦合关联等特点，如果不对其进行约简处理，将使得约束无法在功能适配过程中进行传递与映射，影响方案生成的精度与准确度。本节采用粗糙集理论对不完备的性能约束空间进行分析与约简，提取关键约束关联传递给后续推理适配环节。

粗糙集（Rough Set，RS）是一种研究分析不完整性和不精确性问题的数学工具，通过对特定空间基于等价关系的划分，将不精确或者不确定的知识用已知的知识库中的知识来近似描述。由于其无须提供问题所需数据集之外的任何先验信息，因此能够客观地认识与评价事物的表达。通过粗糙集对约束空间属性信息进行信息系统转化并实现属性约简与权值计算，并将信息系统中相关度与重要性较高的约束作为关键约束进行提取，以实现约束空间的简化。

粗糙集将研究对象抽象为一个用数据表表示的信息系统，其定义如下：

定义 6.1：称 $S = (U, A, V, f)$ 是一个信息系统，其中 U 是非空对象集；$A = C \cup D$ 表示属性的非空有限集合，C 为对象属性集合，D 为决策属性集合，且 $C \cap D \neq \varnothing$；$V$ 为属性值域；f 为信息函数集。

定义 6.2：对信息系统 $S = (U, A, V, f)$，$B \subseteq A$，若 $U / R_B \neq U / R_{B \setminus \{b\}}$，则称 $b \in B$ 在 B 中是必要的，否则称 $b \in B$ 在 B 中是不必要的。

定义 6.3：对信息系统 $S = (U, A, V, f)$，称 A 中所有必要属性构成的集合为 A 的核，记为 $\mathrm{Core}(A)$。

经典的 RS 研究建立在一个基础假设上：信息系统中的各个对象的属性值均确切已知，然而在实际产品设计中，建立设计约束空间的信息系统中数据由于获取代价、设计认知等因素通常是不完备的，存在空置的情况。因此针对不完备的设计约束属性约简的情况，首先需要采用完备化的方法将缺失的数据补齐，引入以容差关系粗糙集中的区分矩阵为基础的数据补齐算法 ROUSTIDA，利用对象间的不可区分关系选取相似对象对空值进行填充，从而使得完整化后的信息系统产生的分类规则具有尽可能高的支持度。由于 RS 只能对离散数据进行处理，因此采用连续值离散化方法时，在保持原分类质量不变和属性集不含冗余信息的条件下，加入阈值作为停止条件，在属性域 V 上建立断点集合，实现用新的决策表代替原来的决策表。

为了提高整体决策效率，采用基于属性重要度的约简方法删除冗余属性，得到保持原属性集合分类能力不变的最小属性子集。以核为求约简的起点，将属性重要性作为启发原则，按照属性的重要程度从大到小的顺序加入属性集中，通过反向消除法检查集合中每个属性的必要性，删除不必要的属性，得到一个约简的设计约束集合。属性的重要度以近似精度的变化衡量，其物理意义为一个属性在集合中的重要度等于去掉这个属性后相对正域的变化程度。

定义 6.4：对信息系统 $S = (U, A, V, f)$，$A = C \cup D$，$B \subseteq C$，$b \in B$ 与 $b \in C \setminus B$ 在 B 中的重要度分别定义为：

$$\begin{cases} \mathrm{Sig}_B(b) = \dfrac{\left|\mathrm{POS}_{B \setminus \{b\}}(D)\right|}{\left|\mathrm{POS}_B(D)\right|}, & b \in B \\ \mathrm{Sig}_{B \cup \{b\}}(b) = \dfrac{\left|\mathrm{POS}_B(D)\right|}{\left|\mathrm{POS}_{B \cup \{b\}}(D)\right|}, & b \in C \setminus B \end{cases} \tag{6-1}$$

通过计算约束决策表的近似精度，重要度大于 0 的属性构成决策表的核，计算核的相对正域并得到其近似精度，与决策表的近似精度比较，并对属性子集反向消除，得到一个设计约束的约简集合作为约束空间约简后的约束集合，基于属性重要度的性能约束约简启发算法如下所示。

算法 6.1：基于属性重要度的约简启发式算法

输入：决策表 $S = (U, A, V, f)$，$A = C \cup D$

1：计算决策表的近似精度 $\lambda = \left|\mathrm{POS}_C(D)\right| / |U|$，计算每个全局约束属性在条件属性集中的重要度，令 $\mathrm{Core}_D(C) = \{c \in C \mid \mathrm{Sig}_C(c) > 0\} = B$；

2：判断 $\left|\mathrm{POS}_B(D)\right| / |U| = \lambda$ 是否成立，若成立则跳转到步骤 5，否则进行步骤 3；

3：对所有 $c \in C \setminus B$，计算 $\mathrm{Sig}_B(c)$，并取重要度最大的 $c \in C \setminus B$，令 $B = B \cup \{c\}$，判断 $\left|\mathrm{POS}_B(D)\right| / |U| = \lambda$ 是否成立，若成立则跳转到步骤 4，否则重复步骤 2；

4：对 B 的所有非核属性 c 按加入核中顺序反向检查 $\left|\mathrm{POS}_{B \setminus \{c\}}(D)\right| / |U| = \lambda$ 是否成立，若成立从 B 中删除 c；

输出：$S = (U, A, V, f)$ 的一个约简 B。

6.3 约束传递下关联相似度确定及设计空间缩减

性能推理适配首先需要对产品功能需求进行结构实现的求解，根据约束信息将产品功能性描述映射为相关的具有属性特征的物理结构实例。随着产品的不断更新迭代，产品相关的物理结构实例呈现爆炸式的聚集，同一种功能通常可以用多种结构实现，这无形中给推理适配过程增加了计算的复杂度。通过对功能—结构关联相似度确定与设计空间的缩减实现复杂产品的功能实现求解，保证了所选择功能载体的结构性能。下面进行具体介绍。

6.3.1 功能—结构模糊相似度分析及度量

相似性度量是功能—结构映射的一个重要环节。通过对映射过程的相似性测度分析并以此为计算依据，可以准确地找到满足结构性能的物理结构实例，其过程一般为通过多源约束属性信息的顺序迭代或加权综合，得到[0,1]之间的单一数值，然后以相似性结果为判据度量功能与结构之间的匹配程度。但是在产品设计阶段早期，由于多源性能约束表征信息具有模糊不确定性，如果采用传统的以确定型数值表征的相似性测度方法进行计算，将会丢失一些有用的模糊信息，从而导致匹配结果不准确。根据之前介绍的约束分类，首先定义了四种规则对四种模态的约束属性进行模糊分布拟合，将其统一归一化表示为三角模糊数，然后采用基于距离的三角模糊数相似性测度实现在不确定环境下功能—结构映射的设计约束相似性度量，从而保证了模糊信息的传递与准确性。

定义 6.5：若 $\tilde{a}=[a^L,a^M,a^U]$，$0<a^L\leq a^M\leq a^U$，则称 $\tilde{a}$ 为一个三角模糊数，其中，a^L 与 a^U 分别表示 $\tilde{a}$ 所支撑的下界与上界。

规则 1：区间型约束模糊分布拟合。设 $[m,n]$ 为一组评价值区间，区间 $[x,y]$ 为该评价区间内的一个评价值，则该评价区间模糊分布拟合为三维模糊数为：

$$\tilde{a}=[\frac{x-m}{n-m},\frac{y+x-2m}{2(n-m)},\frac{y-m}{n-m}] \tag{6-2}$$

规则 2：布尔型约束模糊分布拟合。设 p 为是与否型的布尔约束属性值，当 p 取值为是时，该属性值的三角模糊数为 $[1,1,1]$；当 p 取值为否时，该属性值的三角模糊数为 $[0,0,0]$。

规则 3：结构型约束模糊分布拟合。此类约束通常由语言变量描述，设语言集为 $L = \{l_0, l_1, ..., l_k\}$ 表示一组有序的语言属性集合，l_i 为该语言集中的一个约束属性值，该约束的三角模糊数可以表示为：

$$\tilde{a} = \left[\frac{i-1}{k}, \frac{i}{k}, \frac{i+1}{k} \right] \tag{6-3}$$

规则 4：数值型约束模糊分布拟合。为了实现三角模糊的统一表示，对于数值型的约束，可以先求取功能—结构约束的相似度。假设将位于 [0,1] 之间的传统相似度为 q，那么归一化为对应的三角模糊相似度为 $[q, q, q]$。

定义 6.6：设任意两个规范的三角模糊数 $\tilde{a} = [a^L, a^M, a^U]$ 和 $\tilde{b} = [b^L, b^M, b^U]$，则 $\tilde{a}$ 与 $\tilde{b}$ 的相似度为：

$$\text{sim}(\tilde{a}, \tilde{b}) = \frac{a^L b^L + a^M b^M + a^U b^U}{\max\{(a^L)^2 + (a^M)^2 + (a^U)^2, (b^L)^2 + (b^M)^2 + (b^U)^2\}} \tag{6-4}$$

假设经过属性约简得到设计约束向量为 $\tilde{F}_{\text{cons}} = \{\tilde{F}_1, \tilde{F}_2, ..., \tilde{F}_j\}$，则可以得到约束特征的权重向量为 $\tilde{W}_{\text{cons}} = \{\tilde{w}_1, \tilde{w}_2, ..., \tilde{w}_j\}$。功能—结构的关联相似度解析过程可以看作相关性能约束下的多参数匹配问题，如果两者之间的匹配程度高，说明物理结构实例满足性能约束的实现水平越高，即结构性能较优。故关联相似度可以作为度量功能—结构的结构性能匹配的判据，从而实现已有物理结构实例的重用。假设设计过程中有 M 个功能向量，第 i 个功能具有 k ($k \in j$) 个约束属性需要满足，通过对属性值模糊分布拟合，依据定义 6.6 得到此功能—结构的关联相似度为：

$$\text{sim}(F_i \rightarrow S_r) = \frac{\sum_{h=1}^{k} (w_h \cdot \text{sim}(\tilde{F}_h, \tilde{S}_h))}{\sum_{h=1}^{k} w_h} \tag{6-5}$$

关联相似度是从数据角度出发进行推导，较为客观地表征了功能—结构的结构性能匹配程度，但是当物理结构实例较多、属性高维时，容易受到噪声数据的影响。为了提高稳健性，对关联相似度进行修正，引入带有一定主观的置信水平，得到功能—结构映射的综合相似度为：

$$T\text{sim}(F_i \rightarrow S_r) = \gamma \cdot \text{sim}(F_i \rightarrow S_i) + (1 - \gamma) \cdot \eta(S_i) \tag{6-6}$$

其中，γ 为分配权重，表征相似度与置信水平对综合评价的影响程度，通常取值为

$\gamma = 0.8$；$\eta(S_i)$ 为第 i 个物理结构实例的置信水平，置信水平可以通过对样本数据进行区间估计获得，这里不做具体赘述。

6.3.2 性能约束传递下设计空间过滤缩减

在性能约束传递制约下，功能—结构的映射过程具体表现为：（1）物理结构实例必须具有匹配的功能实现属性，（2）物理结构实例的可行性依赖于其关键约束的满足程度。基于上述分析，本节提出一种基于双层过滤推理的设计空间缩减方法，首先通过多元冲突消解过滤掉不满足功能约束要求的物理结构实例，实现设计空间的初次约简；然后以此为基础，采用 6.3.1 节的综合相似度对剩余结构实例进行估算，并利用实例推理算法对候选的物理结构实例进行选择，获得符合约束要求的实例集，图 6.1 所示为本节方法的整体框架。

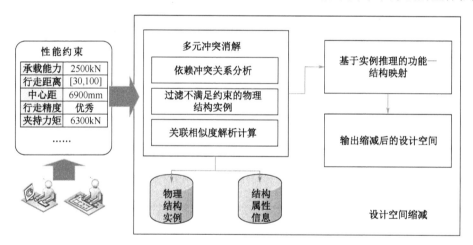

图 6.1 基于双层过滤的设计空间缩减框架

由于设计过程是一个不断发现冲突并消解冲突的过程，因此借鉴人工智能领域中的约束满足问题（Constraint Satisfaction Problem，CSP）对冲突过程进行消解过滤。用 CSP 理论可以构建一个三元组：$CSP = (X, D, C)$，其中，X 表示功能对象变量集，D 表示变量的值域，C 表示需要满足的性能约束，这里为约简后的设计约束。采用区间传播算法对功能—结构的约束冲突进行检测，过滤掉不满足约束条件的物理结构实例，具体过程如下所述。区间传播算法通过回溯反求计算功能对象变量 x_i 在全局约束集 C 的作用下的区间 $d_i' = f^{-1}[R(c_i), x_i]$，其中，$R(c_i)$ 为约束依赖关系集合，对变量 x_i 求解得到新的区间为

$\tilde{d} = d_i \bigcap d_i'$，先判断新的区间是否为空集，如果不是则用新的区间代替原区间。对所有的功能对象变量进行区间传播反求，得到所有变量的可行区间集 $\tilde{D}$。对可行区间集中的元素 $\tilde{d}_i$ 进行判断，如果为空集则说明无解且存在冲突，对冲突进行识别，过滤掉不满足约束条件的物理结构实例，从而实现设计空间的初步简化。

实例推理（Case-based Reasoning，CBR）是通过对历史的经验知识进行推理重用，并对其进行适当的改进与修正，从而获得希望的设计方案。本节引入实例推理方法，不仅符合设计的认知过程，而且能够快速实现功能—结构的映射。为了简化问题，这里主要研究功能—结构的映射过程，对于物理结构实例的改进与修正不做考虑。实例推理通过对设计实例表达组织，并采用索引机制对实例进行检索，本节采用最近邻法进行功能与结构之间的相似性匹配。首先采用粗糙集，利用已有信息判断所有属性的重要性，删除冗余属性信息，并根据重要性对属性权重特征进行权重分配，对剩余的物理结构实例先采用式（6-7）进行相似度动态计算，再采用式（6-8）计算功能—结构匹配的综合相似度，同时对综合相似度进行排序选择，获得与功能需求相匹配的物理结构实例，实现了设计空间的第二次缩减。

$$D(F,S) = \sqrt{\sum_{i=1}^{n} \omega_i \times \text{differ}(F_i, S_i)} \tag{6-7}$$

其中，ω_i 表示第 i 个功能需求权重，$\text{differ}(F_i, S_i)$ 表示功能需求与物理结构之间的差分距离，其计算可以根据功能—结构的综合相似度获得：

$$\text{differ}(F_i, S_i) = 1 - T\text{sim}(F_i \to S_r) \tag{6-8}$$

6.4 基于离散差分进化算法的性能适配模型求解

对于一个功能的实现，可能有多种物理结构形式，并且一种物理结构形式下具有同质化的多系列类别单元，因此具有多功能产品组合适配过程的搜索空间通常是爆炸式的。结构性能的适配可以表述为在满足约束条件下寻求各功能的物理结构实现整机结构性能最优的有效组合过程，这是一个典型的离散多目标优化问题。本节以 6.3 节设计空间缩减后的物理结构实例为研究对象，从产品的质量、成本与相容性三个角度进行分析，构建组合适配的数学模型，并对其进行多目标求解计算。下面具体进行介绍。

6.4.1 结构性能适配的数学模型构建

通常来说，产品设计早期结构设计阶段性能适配的依据主要是所选择物理结构实例之间的连接关系，这将导致对得到的设计方案缺乏全面的考虑。为了能够使适配模型在设计过程中更有普适性，本节以设计过程中用户最为关注的质量与成本为优化目标，同时考虑物理结构实例之间组合相容性，构建了相应的性能适配数学模型，用于后续的优化计算，保证所选设计方案结构性能最优。

产品总成本是设计过程中十分重要的评价指标，在市场中，高性价比的产品往往有更好的表现，因此构建产品总成本函数 $C(\psi_{i,j})$ 及约束可表示为：

$$\begin{cases} \min \ C(\psi_{i,j}) = \sum_{i=i}^{M} \sum_{j=1}^{N} \psi_{i,j} \cdot C_{i,j} \\ \text{s.t.} \quad C(\psi_{i,j}) \leqslant C_{\text{th}} \end{cases} \quad (6\text{-}9)$$

其中，变量 $C_{i,j}$ 为第 j 个功能对应的第 i 个物理结构实例的成本；$\psi_{i,j}$ 为决策变量，如果选中则为 1，否则为 0；C_{th} 为预先设定的总成本阈值。

由于各结构实例对整机系统的质量可靠性贡献程度不一致，所以在进行组合单元的整机质量计算时，首先需要采用特征向量法对各个单元的权重计算确定，定义第 i 个结构实例的权重为 ω_i，因此定义整体方案的质量函数 $Q(\psi_{i,j})$ 及约束可表示为：

$$\begin{cases} \max \ Q(\psi_{i,j}) = \sum_{i=i}^{M} \sum_{j=1}^{N} \omega_i \cdot \psi_{i,j} \cdot Q_{i,j} \\ \text{s.t.} \quad Q(\psi_{i,j}) \geqslant Q_{\text{th}} \end{cases} \quad (6\text{-}10)$$

其中，变量 $Q_{i,j}$ 为第 j 个功能对应的第 i 个物理结构实例的质量；Q_{th} 为预先设定的质量阈值。

在结构实例组合过程中，实例单元之间存在相容性的问题，好的相容性可以使单元之间适配的效果更好。如果两个单元之间由于功能特征及接口问题不相容，那么设计方案的解是无效的，并不能作为一个最优解来进行后续的详细设计。因此相容性分析是复杂产品结构设计过程中值得考虑的一个重要指标，为了能够更好地定义相容性，可以做如下假设。

假设 6.1：组合适配的物理实例结构的功能实现可以以串行的形式表达。

在实际设计过程中，功能单元可以采用链式网络的形式表达，如 Petri 网等，因此与之对应的物理实例结构也可以以串行的形式表征。两个物理实例结构的相容性可以通过所拥有的特征相似性进行表征，相似程度越高，其相容性越好，因此设计方案的相容性函数 $S(\psi_{i,j})$ 及其约束的计算方式可表示为：

$$\begin{cases} \max \ S(\psi_{i,j}) = \sum_{i=i}^{M} \dfrac{l}{p+q-l} \sum_{j=1}^{N} \omega_j \dfrac{\min\{\gamma_j(A), \gamma_j(B)\}}{\max\{\gamma_j(A), \gamma_j(B)\}} \\ \text{s.t.} \quad S(\psi_{i,j}) \geqslant S_{\text{th}} \end{cases} \tag{6-11}$$

其中，l 为两个物理结构实例 A 与 B 之间相同特征的数量，p 为物理结构实例 A 的特征数量，q 为物理结构实例 B 的特征数量；$\gamma_j(A)$ 与 $\gamma_j(B)$ 表示两个物理结构实例对同一个功能 j 的权重，ω_j 为第 j 个功能特征的权重系数；S_{th} 为预先设定的相容度阈值。

综上所述，以产品设计总成本函数最小，质量函数及相容性函数最大为优化目标，构建组合适配的多目标模型可表示为：

$$\begin{cases} \min \ C(\psi_{i,j}) = \sum_{i=i}^{M} \sum_{j=1}^{N} \psi_{i,j} \cdot C_{i,j} \\ \max \ Q(\psi_{i,j}) = \sum_{i=i}^{M} \sum_{j=1}^{N} \omega_i \cdot \psi_{i,j} \cdot Q_{i,j} \\ \max \ S(\psi_{i,j}) = \sum_{i=i}^{M} \dfrac{l}{p+q-l} \sum_{j=1}^{N} \omega_j \dfrac{\min\{\gamma_j(A), \gamma_j(B)\}}{\max\{\gamma_j(A), \gamma_j(B)\}} \\ \text{s.t.} \quad C(\psi_{i,j}) \leqslant C_{\text{th}}, Q(\psi_{i,j}) \geqslant Q_{\text{th}}, S(\psi_{i,j}) \geqslant S_{\text{th}} \\ \qquad \sum_{i=1}^{M} \omega_i = 1, \sum_{j=1}^{N} \omega_j = 1 \end{cases} \tag{6-12}$$

6.4.2　基于约束水平关系的离散差分进化算法

由组合适配的数学模型可知，多目标求解过程是一个带有约束的离散优化过程。已有的方法与技术，如粒子群算法、遗传算法等智能算法对无约束连续优化问题较为适用，对于工程中带有约束的离散优化问题，通常需要对算法进行相应地改进与约束处理。本节提出基于自适应罚函数的离散差分进化算法对离散的组合适配问题进行求解，获得可行域内的 Pareto 解。

差分进化算法（Differential Evolution，DE）是由美国学者 Storn 和 Price 提出的基于浮点数编码的一种仿生随机搜索方法（Storn 1997），该算法具有受控参数少，实现过程简单且全局优化性能突出的特点，广泛应用于科学与工程研究领域。由于 DE 算法以连续空间优化求解而设计，为了能够适用于离散空间优化求解，需要对离散变量进行连续化处理。假设个体 $X_i = (X_i(1), X_i(2), ..., X_i(D))$ $(i = 1, 2, ..., N_P)$ 是 D 个不同整数的排列，N_P 表示种群大小，D 为实际问题的规模。从随机初始化个体的群体开始，相继采用变异与交叉操作产生新个体，采用一对一的选择从父代与子代个体中筛选较优的个体进行下一代进化，一直迭代到满足停机准则为止。

1. 离散变量处理策略

为了能够将 DE 算法应于离散空间，采用相关文献提出的离散处理方法，将适配模型的离散变量表示成连续变量。假设离散变量集为 $S = \{s_1, s_2, ..., s_n\}$，通过定义位置变量 $\tilde{P}_{location}$，其表现形式可表示为：

$$\tilde{P}_{location} = \text{round}(x), \quad x \in [1, n] \tag{6-13}$$

其中，round 为取整操作，用于将连续变量 x 转换成整数值，同时单评估适应度函数与约束，相应的离散变量 d 可以用式（6-14）计算得到：

$$d = S(p_{location}) = s_{p_{location}} \tag{6-14}$$

2. 基于尺度因子扰动的变异策略

差分进化算法的全局搜索能力很强，但局部搜索能力相对较弱，为了避免由于种群难以更新导致搜索停滞现象发生，通过引入变异尺度因子进行扰动来增加候选个体的多样性；同时对变异操作中的差分向量的每个分量乘上不同因子，提高算法的收敛性能与抗噪能力，如式（6-15）所示：

$$\overline{v}_{j,i} = \overline{x}_{j,r_1} + \overline{F}_j \cdot (\overline{x}_{j,r_2} - \overline{x}_{j,r_3}) \tag{6-15}$$

其中，$\overline{F}_j = F \cdot \xi_j$；$F$ 为放缩因子，是介于 $[0, 2]$ 的常量因子，用来控制差分向量的影响；$i = 1, 2, 3, ..., N_P$，$j = 1, 2, ..., D$。

3. 基于约束水平支配的约束处理策略

借鉴 Takahama 的约束处理方法，采用隶属度表征个体满足约束的程度，如果个体满足约束条件，则其隶属于可行解的概率为 1，否则表示个体不满足约束条件，为不可行解。首先对个体的所有约束条件进行评估，其等式约束与不等式约束的水平度定义为：

$$\mu_{g_i(x)}(x) = \begin{cases} 1 & \text{if } g_i(x) \leqslant 0 \\ 1 - g_i(x)/b_i & \text{if } 0 \leqslant g_i(x) \leqslant b_i \\ 0 & \text{otherwise} \end{cases} \tag{6-16}$$

$$\mu_{h_j(x)}(x) = \begin{cases} 1 - \left| h_j(x)/b_j \right| & \text{if } \left| h_j(x) \right| \leqslant b_j \\ 0 & \text{otherwise} \end{cases} \tag{6-17}$$

其中，b_i 和 b_j 为初始种群中不可行解对应的约束条件平均值，则根据模糊数学中用最小隶属度取最小值原则定义个体的约束水平度 $\mu(x)$ 为：

$$\mu(x) = \min\{\min(\mu_{g_i(x)}(x)), \min(\mu_{h_j(x)}(x))\} \tag{6-18}$$

对约束水平度取 α 截集如式（6-19）所示，对于满足 α 约束水平的个体，其支配关系由目标函数决定，否则由个体的约束水平度决定。

$$F_\alpha = \{x \mid \mu_F(x) \geqslant \alpha, \alpha \in [0,1]\} \tag{6-19}$$

其中，$\alpha(t) = (1-\beta)\alpha(t-1) + \beta$，截集 α 是一个动态变量。

综上所述，基于约束水平关系的离散差分进化算法的具体步骤为：

步骤 1：初始化模型参数。令迭代时间 $T = 0$，设置最大迭代循环次数，初始化种群规模 N_p、放缩因子 F 及交叉参数 CR。

步骤 2：在问题搜索空间中随机生成初始种群 $X(0) = \{x_1^0, x_2^0, ..., x_{NP}^0\}$，计算每个个体的目标函数值及约束值，计算种群中个体的约束水平度，将满足 α 约束水平的非支配最优个体加入到存档集中。

步骤 3：对个体 x_i 执行变异操作，产生变异个体 v_i，按照式对 x_i 与 v_i 执行交叉操作，产生交叉个体 o_i，选择操作为一种贪婪式的选择模式，只有当新的向量个体适应度比目标向量个体更好时才会被种群 u_i 接受。

$$o_{i,j} = \begin{cases} v_{i,j}, & \text{rand} \leqslant \text{CR or } j = \text{rand}_j \\ x_{i,j}, & \text{rand} > \text{CR or } j \neq \text{rand}_j \end{cases} \tag{6-20}$$

步骤 4：计算新种群 u_i 的目标函数值与约束值，并计算个体的约束水平度，将满足 α 约束水平的非支配最优个体加入到存档集中，更新最优存档集。

步骤 5：判断离散差分进化的迭代次数是否达到指定次数，若满足约束条件，循环结束并输出存档集中的最优解集，否则跳转到步骤 3，继续下一迭代。

6.4.3　约束满足偏差最小的方案排序筛选

本节提出基于马氏距离的理想解逼近方法对 6.4.2 节获得的 Pareto 解集进行分析排序。由于约束目标之间存在耦合关联特性，当变量之间存在线性相关性时，传统欧式距离度量理想解逼近程度的方法失效，因此本节提出更具有一般性的马氏距离度量方案理想解的逼近程度，提高了算法的健壮性，更加适用于功能设计阶段的最优解选择。

给定求解获得的 Pareto 方案解集，记为集合 $A^P = \{A_1^P, A_2^P, ..., A_i^P, ..., A_m^P\}$，对支配解的成本、可靠性、稳定性三个适配优化指标进行估计，并标准化处理后得到决策矩阵，该矩阵由 $\tilde{D} = \tilde{x}_{ij} (i = 1, 2, ..., m, \ j = 1, 2, 3)$ 表示。

假设适配方案解的最优理想解与最劣理想解表示为 $\tilde{A}^+$ 与 $\tilde{A}^-$，最优理想解 $\tilde{A}^+$ 表示望大性目标取最大值且望小性目标取最小值；最劣理想解 $\tilde{A}^-$ 表示望大性目标取最小值且望小性目标取最大值。

$$\tilde{A}^+ = \{(\max_i x_{ij} \mid j \in J), (\min_j x_{ij} \mid j \in J') \mid i \in m\} = \{v_1^+, v_2^+, ..., v_m^+\} \tag{6-21}$$

$$\tilde{A}^- = \{(\min_i x_{ij} \mid j \in J), (\max_j x_{ij} \mid j \in J') \mid i \in m\} = \{v_1^-, v_2^-, ..., v_m^-\} \tag{6-22}$$

其中，J 为望大性属性集合，J' 为望小性属性集合。

马氏距离是一种独立于测量尺度且不受属性量纲及关联性影响的一种统计距离。假设 $s_i = (s_{i1}, s_{i2}, ..., s_{ij})$ 表示第 i 个解集 A_i^P 对应的约束属性值集，$\sigma_1^2, \sigma_2^2, ..., \sigma_j^2$ 表示 j 个约束属性向量的 k 次观测的方差，Σ^{-1} 表示 j 个约束属性向量协方差矩阵的逆矩阵。分别计算第 i 个 Pareto 解的适配约束向量到最优理想解 $\tilde{A}^+$ 与最劣理想解 $\tilde{A}^-$ 的距离可表示为：

$$\text{Dist}(A_i, \tilde{A}^+) = \sqrt{\left[\sum_{j \in J} \omega_j (s_i - \tilde{A}^+)^T \Sigma^{-1} (s_i - \tilde{A}^+)\right]} \tag{6-23}$$

$$\text{Dist}(A_i, \tilde{A}^-) = \sqrt{\left[\sum_{j \in J} \omega_j (s_i - \tilde{A}^-)^T \Sigma^{-1} (s_i - \tilde{A}^-)\right]} \tag{6-24}$$

定义相对贴近度表征解集对最优理想解的逼近程度，于是 Pareto 解集向量对最优理想解的相对贴近度可以表示为：

$$C(A_i) = \frac{\mathrm{Dist}(A_i, \tilde{A}^+)}{\mathrm{Dist}(A_i, \tilde{A}^+) + \mathrm{Dist}(A_i, \tilde{A}^-)} \tag{6-25}$$

根据 $C(A_i)$ 的大小可以进行排序，其值越大表示其对应的解的综合结构性能越好，对约束的偏差越小，如图 6.2 所示。

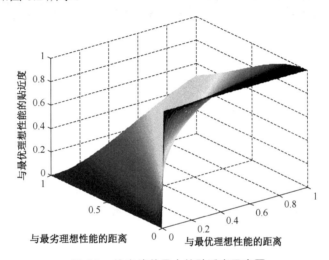

图 6.2　约束偏差最小的贴近度示意图

第 **7** 章

产品预测性能鲁棒学习可信评估技术

7.1 引言

性能是产品设计的核心，贯穿于整个设计过程。为了保证在设计过程中能够得到符合设计约束且鲁棒稳健的设计方案，常常需要根据特定工况下的设计变量值对关键的预测性能进行判别，分析并校核成品的关键性能是否达到预期，同时给予设计者直观的量化反馈，从而减少冗余设计与无效设计。在满足一定置信度的预测性能指导下，既可以对设计方案的性能分布进行合理的估计，减少设计迭代，也可以对不满足性能需求的设计变量进行优化，提高产品的综合性能，因此高效准确地分析预测性能对提高产品整机性能有极其重要的价值。

在实际工程设计中，对预测性能的校核分析首先依赖于样本数据模型的建立。准确的数据样本模型通常依赖于有限元仿真数据与完备的数学建模理论（理论信息），方案物理样机的实验观测数据（观测信息）与实践经验积累（先验信息），但是由于实验观测数据的小样本及观测误差的存在，使其具有较大的随机性与不确定性，且与理论信息有较大的偏差，进而导致预测性能判别结果与实测值有较大的误差。其次，预测性能与设计变量之间的表达关系通常是隐式的，无法用精确的数学机理模型表征，同时设计变量的高维性、非线性及耦合性也影响着计算过程的效率与计算结果的准确性。针对预测性能与设计变量之间存在复杂的非线性关系，目前研究主要采用以神经网络、偏最小二乘方法等机器学习方法构建回归模型对质量特性等预测性能进行校核分析。但是这些方法侧重于如何构建回归模型并致力于提高模型精度，而对于产品设计早期过程中的预测性能校核分析而言，如何在不确定的设计环境下提高性能分析的稳健性是一个值得深入研究的问题。

为了全面提高产品预测性能分析的稳健性，本章从性能分析过程的训练数据、回归模型与预测结果三个维度入手，提出了基于鲁棒学习修正的预测性能可信评估与校核技术。首先对样本输入数据进行预处理，采用互信息估计对设计变量进行筛选以降低预测模型的规模，采用最近邻法对数据样本进行异常点识别以提高其精度；提出了基于鲁棒学习的最小二乘支持向量机对隐式的预测性能—设计变量响应模型进行回归拟合，以提高模型预测的稳健性；采用 Bootstrap 统计推断对预测结果进行可信校核分析，实现了预测结果对数据不确定性的处理，并通过灵敏度分析识别影响性能的关键设计变量，有利于实现设计过程的自适应控制，本章框架如图 7.1 所示。最后以液压机组合结构整体性计算分析为例验证本章方法的有效性与可行性。

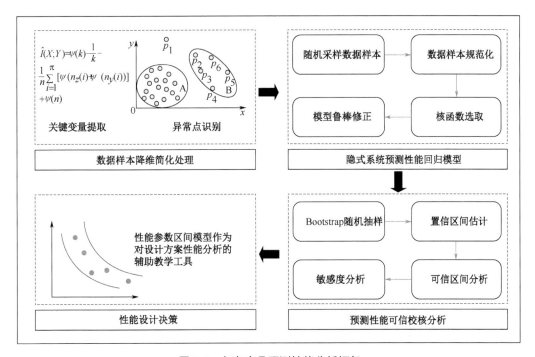

图 7.1　复杂产品预测性能分析框架

7.2 产品多元设计变量降维

复杂产品由于其自身的复杂性，涉及机械、液压、电子等多学科领域，导致其设计变量高维且相互耦合，使得模型建立过程面临"维数灾难"的问题。同时产品在使用过程中的数据采集，会受到环境、工况等不确定性因素的影响，其数据样本通常因污染而存在噪声（也叫称异常点），影响数据的准确性。为了提高预测性能回归模型的精度与健壮性，首先需要对用于回归模型学习训练的数据样本进行稳健处理。这个过程主要包括如下两个步骤：第一步是对多元的设计变量进行降维，以降低模型的复杂性；第二步是对样本数据中的信息进行异常点识别，剔除含有异常误差的样本信息。

7.2.1 互信息估计的多元设计变量筛选

复杂产品在设计过程中本体参数众多，且变量之间存在较强的耦合关系，如果将所有设计变量用来构建性能预测模型，势必会增加建模过程计算的复杂程度，而且会影响模型的收敛性与有效性；另外模型中包含的不相关、冗余或无用变量通常会掩盖重要设计变量的作用，最后导致预测结果变差甚至无效。因此需要在建模过程中考虑设计变量之间的关联特性，以较少的变量规模描述系统大部分信息。传统的变量相关分析方法有典型相关分析、灰关联分析、主成分分析等方法，但是这些方法在分析过程中会通过数学变换求解从而导致无法描述原来变量的物理意义，而在预测性能校核分析过程中，设计变量的物理意义的准确保持对设计者分析与了解设计原理有着至关重要的作用。由于互信息既能描述变量分布没有特殊要求，在变量选择中无需对变量进行变换处理，因此本节提出基于互信息估计的设计变量选择方法，通过设计变量与预测性能响应之间的互信息度量两者之间的相关程度，提取由强相关设计变量组成的最优变量子集作为待分析的变量参数。

互信息（Mutual Information，MI）的概念来源于信息理论，其物理意义为能够反映两个变量之间的统计依赖程度，或者可以说能够表示变量之间共享的信息量（Shannon 2001）。考虑一对随机变量 X 和 Y，其中 X 为设计变量输入，Y 为性能响应输出，则 X 与 Y 之间的互信息定义为：

$$I(X;Y) = \iint p_{X,Y}(x,y) \log \frac{p_{X,Y}(x,y)}{p_X(x)p_Y(y)} dxdy \tag{7-1}$$

其中，$p_{X,Y}(x,y)$ 表示设计变量与性能响应的联合概率密度，$p_X(x)$ 表示设计变量的边缘概率密度，$p_Y(y)$ 表示性能响应的边缘概率密度。互信息越大表示两个变量之间的相关性越大，同时互信息能够揭示变量间的非线性相关性，适用于复杂系统的变量提取。

由定义可知，互信息估计以概率密度计算为基础，目前常用的方法有直方图法、核密度估计法（Kernel Density Estimator，KDE）与 k 最近邻法（k-Nearest Neihbour，KNN）等，相关研究表明，KNN 具有最稳定的计算效率，且对参数选择不敏感，因此本节采用 KNN 算法对性能与变量之间的互信息进行估计度量。KNN 互信息估计方法避免直接对变量进行概率密度计算，能够较为快速地进行高维互信息的估计，其核心思想是通过对 k 个最邻近点的平均距离来估计信息熵与密度函数。在随机变量 X、Y 构成的空间中，设 $\varepsilon(i)/2$ 为点 (x_i, y_i) 与第 k 个近邻（x_i^k, y_i^k）的距离，$\varepsilon_x(i)/2$ 与 $\varepsilon_y(i)/2$ 分别表示近邻距离到 X、Y 子空间的投影的距离，$n_x(i)$ 和 $n_y(i)$ 表示数据点 x_j 和 y_j 的个数，同时需要满足 $\|x_i - x_j\| \leqslant \varepsilon_x(i)/2$，$\|y_i - y_j\| \leqslant \varepsilon_y(i)/2$。故变量 X、Y 之间的互信息可以通过下式计算获得：

$$\hat{I}(X;Y) = \psi(k) - \frac{1}{k} - \frac{1}{n}\sum_{i=1}^{n}[\psi(n_x(i)) + \psi(n_y(i))] + \psi(n) \tag{7-2}$$

其中函数 $\psi(\bullet)$ 表示 digamma 函数，$\psi(x) = \Gamma(x)^{-1} d\Gamma(x)/dx$，且有 $\psi(x+1) = \psi(x) + 1/x$，$\psi(1) = -C$，$C = 0.5772156649$，为 Euler-Mascheroni 常数，$\Gamma(x)$ 为伽马函数。

为了得到最优变量子集，采用式（7-2）计算每一维设计变量与性能响应的互信息 $I(X_i;Y)$；根据互信息的估计结果，采用交叉验证法确定选择性阈值 δ_1（$\delta_1 \in [0,1]$）；按照互信息估计值的大小进行降序排列组成相关变量集合 F，选择相关性条件满足 $I(X_i;Y) \geqslant \delta_1$ 的设计变量作为强相关变量子集，作为后续回归模型的输入参数。

7.2.2　局部近邻分析的异常误差点判别

可靠的样本数据是进行性能模型校核分析的基础。由于复杂产品的工作环境恶劣、工况多变及存在个人操作失误等原因，对其采集的数据样本通常存在异常误差，如果不对其进行有效处理，将直接影响后续模型构建的有效性。传统基于统计分布的异常误差识别方法高度依赖给定数据的统计模型及其分布假设，并不适用于产品设计阶段小样本数据的情况，特别是部分数据由于设备的特殊性不能够重复试验获取，如液压机油路的电磁阀，为此本节提出基于局部近邻分析的异常误差识别方法，能在无法获得样本统计分布的情况下识别出数据样本的离群点并对其进行剔除，从而提高数据样本的准确度。

针对预测性能模型的回归拟合过程，设计者通常需要对重点关注的产品性能进行演化计算，从而获知关键性能是否可以满足设计要求，这就需要对样本数据更加注重局部领域而不是关注整个数据分布，因此基于局部近邻分析的异常误差识别更加适用于设计阶段的预测性能分析。局部近邻分析是一种基于密度的数据分析方法，其通过计算样本的局部离群点因子定量化地分析离群程度，其关键思想是通过分析对象周围的密度，离群点周围的密度显著不同于其邻域周围的密度，如图 7.2 所示。对于给定的样本集 D，其局部邻域 $N_k(O)$ 指样本 O 在训练集 $O \in R^{n \times m}$ 中根据欧式距离确定的 k 个最近邻组成的数据子集，其中 n 为样本个数，m 为设计变量的个数。首先做如下定义。

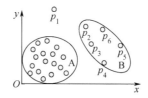

图 7.2　局部近邻分析的异常点识别示意图

定义 7.1：样本 O 的邻域半径为 $\mathrm{dist}_k(O)$，其 k-距离邻域包含其到 O 的距离不大于 $\mathrm{dist}_k(O)$ 的所有对象，记为：

$$N_k(O) = \{O' | O' \in D, \mathrm{dist}(O, O') \leqslant \mathrm{dist}_k(O)\} \tag{7-3}$$

定义 7.2：样本 O 与其任一邻居 O' 之间的可达距离为：

$$\mathrm{reachdist}_k(O' \leftarrow O) = \max\{\mathrm{dist}_k(O), \mathrm{dist}(O, O')\} \tag{7-4}$$

定义 7.3：样本 O 的局部可达密度为：

$$\mathrm{lrd}_k(O) = \frac{\|N_k(O)\|}{\sum\limits_{O' \in N_k(O)} \mathrm{reachdist}_k(O' \leftarrow O)} \tag{7-5}$$

定义 7.4：样本 O 的局部离群点因子为：

$$\mathrm{LOF}_k(O) = \frac{\displaystyle\sum_{O' \in N_k(O)} \frac{\mathrm{lr}d_k(O')}{\mathrm{lr}d_k(O)}}{\|N_k(O)\|} = \sum_{O' \in N_k(O)} \mathrm{lr}d_k(O') \sum_{O' \in N_k(O)} \mathrm{reachdist}_k(O' \leftarrow O) \qquad (7\text{-}6)$$

局部离群点因子是样本 O 与其最近邻的可达密度之比的平均值，通过计算可以发现局部离群点因子能够有效地描述每一个样本相对于其邻居的离群程度。在设计变量样本中，当出现异常误差时，其数据点邻近点的数量较少，即其周围点密度较小，故有很大的可能被视为异常误差点。因此采用局部离群点因子对设计样本中的数据进行异常误差判别，对数据点近邻点数量较少的可视为粗大误差，予以去除，从而获得一个较为精确的数据样本结构。

7.3　基于鲁棒学习的产品预测性能回归拟合

对于复杂产品预测性能校核分析，其本质是通过仿真与试验得到的输入输出数据，对隐式的性能模型逼近反演拟合，得到近似的真实模型用于对预测性能进行评估分析。由于在设计早期性能响应与设计变量之间的关系复杂且存在不可预知的非线性映射，很难通过对其直接构建数学机理模型进行精确分析，而基于数据驱动的响应面方法是一种有效的"黑箱"逼近方法，能够绕开复杂的系统分析，得到近似有效的回归分析模型，是一种有效且实用的建模预测技术。目前常用的回归建模方法有径向基函数、克里金插值、神经网络等方法，为了能够在设计初期快速地对性能进行分析，如何以较少的样本与计算量获得高精度的逼近模型成为校核预测分析过程首要考虑的问题。针对克里金插值法对高阶敏感，神经网络对样本数量敏感等问题，这里引入统计学习理论中的最小二乘支持向量回归机（LS-SVR）来构建设计变量与预测性能响应之间的函数关系，其内涵为根据已知的给定训练样本（经验数据），求取真实系统输入输出之间依赖关系的估计，使得该模型能够对未知输出做出尽可能正确的预测。

7.3.1　试验样本随机采样构建

在回归拟合过程中，合适的样本点的选择是保证模型精度的基础。好的试验样本能够对设计变量空间进行均匀采样，以较少的样本点来反映设计问题的大量信息。拉丁超立方抽样（LHS）是一种能够用采样值反映随机变量整体分布的方法，其基本原理为将 n 维空间的每一维坐标区间均匀划分为 m 个区间，以保证每个水平、每个因素只被抽取一次，构成 m 个样本的超立方抽样，记为 $m \times n$ 的 LHS。在高维设计空间下，LHS 的随意性会导致采样点分布不均，为此对样本的均匀性进行改进，定义最优化准则：

$$\max\{\min d(x_i, x_j)\} \tag{7-7}$$

其中，$d(x_i, x_j) = \sqrt{\left[\sum_{k=1}^{m} \left|x_{ik} - x_{jk}\right|^2\right]}$ 表征抽样点之间的距离，采用最优化准则可以使所有样本尽可能均衡地分布在设计空间内，具有更好的均匀性和填充性。

为了避免设计变量不同量纲之间的差异性对预测模型精确度产生影响，采用 z-score 法对原始数据进行预处理。z-score 法是一种基于原始数据均值与标准差的数据预处理方法，对于采样的数据集 $X \in R^{m \times f}$，其中 f 为变量个数，m 为样本个数，标准的 z-score 法为：

$$z_i = \frac{x_i - m(X)}{s(X)} \tag{7-8}$$

其中，x_i 表示数据集中的样本，$m(X)$ 表示样本数据集中所有数据的均值向量，$s(X)$ 为对应的标准差向量。

7.3.2　基于最小二乘支持向量回归机的预测性能回归拟合

预测性能校核分析的关键在于通过某种方法建立设计变量与预测性能的近似模型，该模型不仅能尽可能真实地描述两者之间的关系，而且还能够对其进行分析与优化。基于此目的，本节采用建模精度高、计算量小且可调参数少的最小二乘支持向量回归机（LS-SVM）作为机器学习模型对样本数据进行学习训练，拟合获得性能参数与设计变量之间的近似关系。

支持向量机（SVM）是一种以统计学的 VC 维理论和结构风险最小化原则为基础的机器学习方法，能够根据有限的样本信息在模型的复杂性和学习能力之间寻求最佳折中，以获得最佳的泛化能力。由于其将学习训练过程转化为二次规划问题，避免了局部最优解，十分适用于解决产品设计过程中小样本、非线性和高维等问题。LS-SVM 是由 Suykens 提出的对于标准 SVM 的一个重要变形。它在保持标准 SVM 优点的基础上，通过适用的变换，将误差的二次平方项代替 ε 不敏感损失函数作为损失函数，从而将等式约束代替标准向量机中的不等式约束，采用共轭梯度迭代算法线性运算，降低了算法的复杂度，从而降低了计算成本。

给定 m 个经过标准化处理的样本训练集 $\{x_i, y_i\}_{i=1}^m$，其中，$x_i \in R^m$ 为输入数据，$y_i \in R^m$ 为输出数据，则 LS-SVM 的回归问题可以表示为：

$$\min \Phi(w) = \frac{1}{2}\omega^T\omega + \frac{1}{2}C\sum_{i=1}^m \varepsilon_i^2 \tag{7-9}$$
$$s.t. \quad y_i = \omega^T \varphi(x_i) + b + \varepsilon_i, \ i = 1, 2, ..., m$$

其中，$\varphi: R^m \to R^n$ 是一个映射函数，其将输入空间映射到一个高维特征空间，C 为正则化参数，ε_i 为误差变量，ω 为原始空间权向量，b 为一个偏置。

定义相应的 Lagrange 函数为：

$$L(\omega, \xi, \xi^*, \alpha, \alpha^*) = \frac{1}{2}\omega^T\omega + \frac{1}{2}C\sum_{i=1}^m \varepsilon_i^2 - \sum_{i=1}^m \alpha_i[\omega^T\varphi(x_i) + b + \varepsilon_i - y_i] \tag{7-10}$$

对式（7-10）进行最优化，求其鞍点，分别对 $\omega, b, \varepsilon_i, \alpha_i$ 求导，由极值必要条件可以得到式（7-11）：

$$\begin{cases} \dfrac{\partial L}{\partial \omega} = 0 \Rightarrow & \omega = \sum_{i=1}^m \alpha_i \varphi(x_i) \\[2mm] \dfrac{\partial L}{\partial b} = 0 \Rightarrow & \sum_{i=1}^m \alpha_i = 0 \\[2mm] \dfrac{\partial L}{\partial \alpha_i} = 0 \Rightarrow & \omega^T\varphi(x_i) + b + \varepsilon_i, i = 1, 2, ..., m \\[2mm] \dfrac{\partial L}{\partial \varepsilon_i} = 0 \Rightarrow & \alpha_i = C\varepsilon_i, i = 1, 2, ..., m \end{cases} \tag{7-11}$$

对于 $i = 1, 2, ..., m$，在式中消去 ω, ξ, ξ^*，并将上式写成矩阵形式，则有：

$$\begin{bmatrix} 0 & I' \\ I & XX' + \dfrac{E}{C} \end{bmatrix} \begin{bmatrix} b \\ \alpha \end{bmatrix} = \begin{bmatrix} 0 \\ Y \end{bmatrix} \tag{7-12}$$

其中，$X = [x_1, x_2, \cdots, x_l]$；$Y = [y_1, y_2, \cdots, y_l]$；$I = [\underbrace{1, 1, \cdots, 1}_{l}]^T$；$\alpha = [\alpha_1, \alpha_2, \cdots, \alpha_l]'$，$E$ 为 $l \times l$

的单位矩阵；对于非线性的情况，通常有：

$$\begin{bmatrix} 0 & I' \\ I & H+\dfrac{E}{C} \end{bmatrix} \begin{bmatrix} b \\ \alpha \end{bmatrix} = \begin{bmatrix} 0 \\ Y \end{bmatrix} \tag{7-13}$$

其中，$H(i,j)=K(x_i,x_j)$，$K(\bullet,\bullet)$ 为选择的核函数，满足 Mercer 条件，通过求解式（7-13）得到最小二乘回归估计函数为：

$$\hat{f}(x)=\sum_{i=1}^{l}\alpha_i K(x_i,x)+b \tag{7-14}$$

其中，$\alpha=(H+\boldsymbol{E}/C)^{-1}(\boldsymbol{Y}-\boldsymbol{I}b)$，$b=\dfrac{I'(H+\boldsymbol{E}/C)^{-1}\boldsymbol{Y}}{I'(H+\boldsymbol{E}/C)^{-1}\boldsymbol{I}}$。

目前常用的核函数有多项式核函数、径向基核函数与 Sigmoid 核函数。研究发现，支持向量回归模型的性能与所选择核函数的类型关系不大，核参数与惩罚系数是影响支持向量回归模型性能的主要因素。从减少计算量的角度出发，本节选择径向基函数作为预测模型的核函数，其基本形式可表示为：

$$K(x_i,x)=\exp(-\|x-x_i\|^2)/2\sigma^2 \tag{7-15}$$

其中，σ 是径向基函数的宽度。目前支持向量机回归的参数选择方法有交叉验证法、理论分析法、启发式算法等。本节采用粒子群算法对核参数 σ 与惩罚因子 C 进行优化，提高预测模型的精度。首先采用模型的均方误差定义最小二乘支持向量机的性能指标：

$$f=\frac{1}{m}\sum_{i=1}^{m}(y_i-\hat{y}_i)^2 \tag{7-16}$$

由于均方误差能够较好地反映模型输出与样本的拟合程度，且由于 f 可以视为核参数 σ 与惩罚因子 C 的复合函数，因此参数优化的数学模型可以表示为：

$$\min f=\frac{1}{m}\sum_{i=1}^{m}(y_i-\hat{y}_i)^2 \tag{7-17}$$
$$\text{s.t. } C\in[C_{\min},C_{\max}],\ \sigma\in[\sigma_{\min},\sigma_{\max}]$$

利用粒子群算法在可行域内随机寻优，将性能指标作为适应度函数，最终收敛到其最小值，此时对应的核参数 σ 与惩罚因子 C 将作为预测模型最优的算法参数，其主要步骤如图 7.3 所示，此处不再赘述。

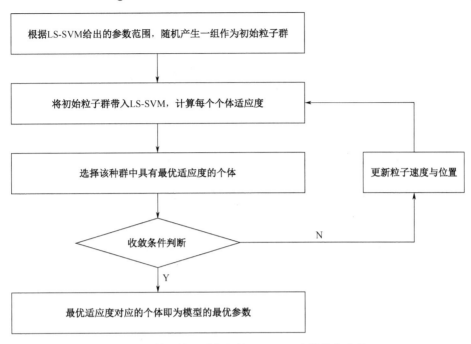

图 7.3　基于粒子群优化的 LS-SVM 参数优化步骤

7.3.3　回归模型鲁棒学习修正

由于受到各种形式的不确定性干扰，复杂产品在实际运行工况中所采集的数据存在奇异点，这种情况将导致 LS-SVM 对具有噪声与奇异点的样本过分敏感，出现过拟合的现象，从而影响模型的预测性能。为了减少模型的预测误差，LS-SVM 学习方法采用最小二乘代价函数。由于学习训练过程中其正则化参数 C 是定值，不能随着奇异点与预测误差分布变化更新，影响了模型的鲁棒性。为此，本节引入鲁棒学习策略，采用鲁棒代价函数代替最小二乘代价函数，对 LS-SVM 模型进行修正，通过尽量减小粗大误差点在学习训练中的作用，减少过拟合现象。鲁棒代价函数可以表示为：

$$E_{\text{robust}} = \frac{1}{m}\sum_{j=1}^{m}\phi(e_j(T)) \tag{7-18}$$

其中，m 为学习样本的数目，T 为迭代次数，$e_j = y_j - \hat{y}_j(T)$ 表示第 T 次迭代时模型的预测误差，$\phi(e_j(T))$ 为鲁棒代价函数，采用双曲正切估计函数表示：

$$\phi(e_j(T)) = \begin{cases} \dfrac{1}{2}e_j^2(T), & \left|e_j(T)\right| \in [0, a(T)) \\ \dfrac{1}{2}a^2(T) + \dfrac{c_1}{c_2}In\left[\dfrac{\cosh(c_2(b(T)-a(T)))}{\cosh(c_2(b(T)-\left|e_j(T)\right|))}\right], & \left|e_j(T)\right| \in [a(T), b(T)] \\ \dfrac{1}{2}a^2(T) + \dfrac{c_1}{c_2}In[\cosh(c_2(b(T)-a(T)))], & \left|e_j(T)\right| \in (b(T), +\infty) \end{cases} \qquad (7\text{-}19)$$

其中，$a(T)$ 与 $b(T)$ 表示为区间取值，c_1 与 c_2 为定常数，取为 $c_1 = 1.73$，$c_2 = 0.93$。

鲁棒代价函数通过对设计样本中的粗大误差点进行限幅，与最小二乘代价函数对比，两者的差异如图 7.4 所示。在合理的误差范围内，鲁棒代价函数的形式与最小二乘代价函数形式一致，同时对较大的粗大误差点采取一定的限制策略，对非常大的误差采取忽略策略，从而提高了模型的健壮性。

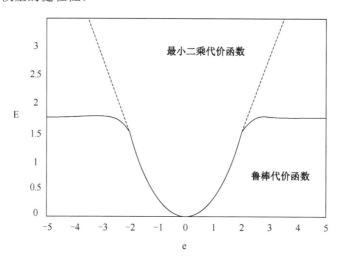

图 7.4　鲁棒代价函数与最小二乘代价函数的差异

7.4　基于区间估计的预测性能可信评估分析

由于回归拟合模型本身存在的不确定性、变量降维带来信息的损失及样本数据不确定噪声的影响，模型的预测结果因受到多源不确定性源的传递共振而存在一定的不确定特征，单用点预测表示的结果难以对真实的性能进行全面准确的描述，无可信度表征。复杂产品由于其运行工况及环境的波动性，在没有可信度表征的情况下，设计人员通常会按照最坏的情况根据预测性能对设计变量进行调整，这无形中增加了设计的复杂度与不可靠性。因此提出区间估计技术对性能预测值进行扩展，采用区间的可信度对其表征，可以对不确定性进行量化以提高预测性能的稳健性。

7.4.1　可信性能区间估计的数学描述

预测区间主要考虑预测模型的不确定性与观测数据不确定性对预测结果的影响。区间预测不仅能够给出面向点的预测结果，同时还能够对预测结果进行可靠性说明，是一种更为全面的预测方法。在预测性能校核分析过程中，数据的不确定性与模型的不确定性是一直存在的，为了能够提高预测结果的有效性，提出可信性能区间估计方法，其数学描述如下：在构建性能预测区间估计过程中，首先假设每次采样的样本误差独立同分布，预测模型对性能响应实际真实值 y_i 的预测输出为 $\hat{y}_i$，ε_i 表示数据噪声，假设其为正态分布，则预测误差可以表示为：

$$\theta_i = |y_i - \hat{y}_i| + \varepsilon_i \qquad (7\text{-}20)$$

其中，$|y_i - \hat{y}_i|$ 表示回归模型的预测误差，对其分布估计可以作为预测性能结果的置信区间估计。假设 $|y_i - \hat{y}_i|$ 与 ε_i 相互独立，则回归模型的预测方差可以表示为：

$$\sigma_i^2 = \sigma_{\hat{y}_i}^2 + \sigma_{\hat{\varepsilon}_i}^2 \qquad (7\text{-}21)$$

其中，$\sigma_{\hat{y}_i}^2$ 为回归模型方差，反映了预测性能结果的离散度；$\sigma_{\varepsilon_i}^2$ 为噪声方差，反映了设备在实际运行中受不可控因素的影响，体现了数据的不确定性。对式（7-21）进行分析，由于其估计值不仅考虑了预测性能的置信区间，同时考虑了噪声等不确定因素对预测性能的影响，使得性能参数预测结果的可信度更具有健壮性与有效性。

7.4.2　基于 Bootstrap 的预测性能可信度计算

目前常用的预测区间估算方法有 Bayesian 法、MVE 法、Delta 法和 Bootstrap 法。Bootstrap 法具有前提假设少、计算过程简单等特性，同时具有较强的集成学习特性，能够与神经网络、统计学习等方法结合，因此本节采用 Bootstrap 法进行性能可信度区间估算。

Bootstrap 法属于非参数统计，是一种统计学中的重抽样方法，它可以根据给定样本复制观测信息，可以在没有分布假设的前提下对总体分布特征相继独立地进行统计推断，常用于置信区间与预测区间的构造。Bootstrap 区间估计方法通过对观测数据重新抽样产生新样本来模拟总体分布，对经过数据预处理的样本集进行 N 次有放回的随机抽样以得到一个训练集，重复 L 次（根据经验，当进行区间估计与假设检验时，大约需要 1000 个样本，因此取值 $L=1000$），得到 L 个训练样本集 $\{D_{il}\}_{l=1}^{L}$，按照 7.3.2 节提出的方法，建立预测性能响应回归拟合模型，对性能响应进行计算，得到 L 个对应的预测性能值 $\{\hat{y}_i\}_{l=1}^{L}$，由 L 个预测值的 Bootstrap 均值来估计性能响应的最终预测值 $\hat{y}_i$ 及模型预测方差 $\sigma_{\hat{y}_i}^2$：

$$\hat{y}_i = \frac{1}{L}\sum_{l=1}^{L}\hat{y}_i \tag{7-22}$$

$$\sigma_{\hat{y}_i}^2 = \frac{1}{L-1}\sum_{l=1}^{L}(y_i - \hat{y}_i)^2 \tag{7-23}$$

式（7-22）的方差估计值可以用来构建预测性能的置信区间，而对于预测性能的可信度区间，需要在置信区间的基础上考虑由于采样数据不确定性导致噪声方差 $\sigma_{\hat{\varepsilon}_i}^2$ 的影响：

$$\sigma_{\hat{\varepsilon}_i}^2 = E\{(y^* - \hat{y})^2\} - \sigma_{\hat{y}_i}^2 \tag{7-24}$$

通过计算得到最终预测值 $\hat{y}_i$、模型预测方差 $\sigma_{\hat{y}_i}^2$ 及噪声方法 $\sigma_{\hat{\varepsilon}_i}^2$，得到置信度为 α 的预测性能可信区间：

$$\mathrm{PI}_i = (\hat{y}_i - t_{df}^{1-\frac{\alpha}{2}}\sqrt{\sigma_{\hat{y}_i}^2 + \sigma_{\hat{\varepsilon}_i}^2},\ \hat{y}_i + t_{df}^{1-\frac{\alpha}{2}}\sqrt{\sigma_{\hat{y}_i}^2 + \sigma_{\hat{\varepsilon}_i}^2}) \tag{7-25}$$

其中，$t_{df}^{1-\frac{\alpha}{2}}$ 自由度为 df 的 t 分布函数的 $1-\frac{\alpha}{2}$ 分位数。

7.4.3 预测性能全局灵敏度分析

对预测性能可信区间进行分析后，设计者通常希望能够了解相关设计变量对性能参数影响的优劣，便于后续设计迭代过程中对关键性能的关键设计变量进行适应性的调整。7.2.1 节已从性能响应—设计变量的角度对输入参数进行了降维，但是没有从统计学意义上对灵敏度进行无偏估计，无法对设计变量波动对性能参数的影响进行直观分析。通过识别预测性能的灵敏度，就可以获得影响性能参数最敏感的因素，从而采取变异、替换、矛盾消解等设计方法对设计变量进行改进与优化，提高复杂产品的性能。

性能灵敏度定义为产品性能参数对输入设计变量的均值与均方差的偏导数，可以表示为：

$$\begin{cases} G_i^{\mu}(y) = \partial F(y) / \partial \mu_i(x) \\ G_i^{\sigma}(y) = \partial F(y) / \partial \sigma_i(x) \end{cases} \tag{7-26}$$

其中，$F(y)$ 为预测性能回归模型，$G_i^{\mu}(y)$ 表示第 i 个设计变量均值变动对性能的影响，$G_i^{\sigma}(y)$ 表示第 i 个设计变量方差变动对性能的影响，通过对预测性能与设计变量进行采样计算，进而获得 $G_i^{\mu}(y)$ 和 $G_i^{\sigma}(y)$ 的无偏估计，从而用来表示性能的全局灵敏度。

第 **8** 章

产品概念方案协同推理决策技术

8.1 引言

透平膨胀机质量控制方案的评价与选择阶段是决定透平膨胀机设计质量控制成功与否的关键环节。然而在这一过程中，由于客户需求映射的复杂性、模糊性及客户和设计者之间交互语义一致性等问题，常常导致产生的质量控制方案具有非唯一性。透平膨胀机质量控制方案对透平膨胀机研发过程中的详细设计、工艺设计等后续工作具有重要的影响，所以对质量控制方案进行合理评价和正确选择是透平膨胀机研发过程中的一个重要步骤。

就其本质而言，透平膨胀机质量控制方案的评价与选择是一个不确定环境下的复杂性多评价准则团队协同决策活动。在此过程中，由于透平膨胀机的质量控制方案尚处于概念化阶段，因此难以利用精确、完善的度量尺度对每个质量准则进行评价，而且不同质量准则之间存在着错综复杂的交互与耦合关系。除此之外，不同的质量控制方案评价专家亦具有不同的知识水平和决策背景，因此很难达成一致性决策结果。如何客观、合理、科学地解决这些问题便成为有效评价透平膨胀机质量控制方案的瓶颈。

多年以来，国内外学者围绕产品设计方案的质量评价开展了深入研究。Thurston 等人基于效用分析理论模型提出了产品方案的质量模糊评价方法。周庆忠等人提出了基于模糊集与灰色系统的综合评价方法，力求使质量评价模型的实用性和可靠性更强。张雪平等人面向产品的绿色方案设计，提出了灰色系统与层次分析法的集成质量评价方法，从而提高了产品方案评价结果的可信性。Ayağ 等人提出了一种模糊集和网络分析法相结合的产品方案质量评价模型。ZHAI 等集成了粗糙集理论和灰色关联模型后用于产品方案的质量评价与决策。胡良明等人面向知识重用采用实例推理方法进行产品方案的设计与评价。HUANG 等人则提出了基于模糊神经网络的产品方案产生与评价方法。古莹奎等人考虑了影响产品的竞争力因素和风险性，提出了模糊多层次产品方案质量评价模型。方辉等人提出基于粗糙集理论与不确定语言多属性决策方法相结合的产品方案评价模型。GENG 等人引入 Vague 集对产品方案评价过程的含糊性信息进行处理，基于交叉熵距离对产品的所有指标评价信息进行融合而得到最终评价结果，在此基础上采用最小二乘法集结各专家评价意见并获得了一致性方案优劣排序。邓军等人提出了基于信息熵和拉格朗日方法的决策模型并将其用于产品方案质量评价过程。

从上述具有代表性的产品方案质量评价方法中可以看出，这些文献的研究焦点主要集中于如何处理产品方案质量评价过程中评价信息的模糊性、不精确性和不完备性等不确定性问题。虽然这些方法已经将人工智能领域中的不确定性信息处理方法成功地应用于产品方案质量评价中并已取得一定研究成果，但在用于透平膨胀机质量控制方案评价时却仍有两个问题值得深入探讨：一是透平膨胀机方案的质量评价准则之间并不是理想条件下的独立关系；二是对透平膨胀机质量控制方案进行评价的专家来自不同部门与不同领域，各位专家的认知程度和知识水平亦不尽相同，所以往往因会各执己见而导致评价意见具有差异性甚至是冲突性。

为此，本章主要针对现有研究用于透平膨胀机质量控制方案评价时存在的上述两方面问题，利用模糊集合中的 α-截集模糊数、模糊测度理论、Choquet 模糊积分和相关算法合成各个质量准则的评价值而获得单个评价专家对透平膨胀机质量控制方案的整体评价值。在此基础上，进一步采用 Dempster/Shafer 证据理论来集结各个评价专家的不同评价结果以得到团队协调性决策意见，从而为透平膨胀机质量控制方案评价提供一种新的思路。透平膨胀机质量控制方案评价方法的具体过程和结构图如图 8.1 所示。

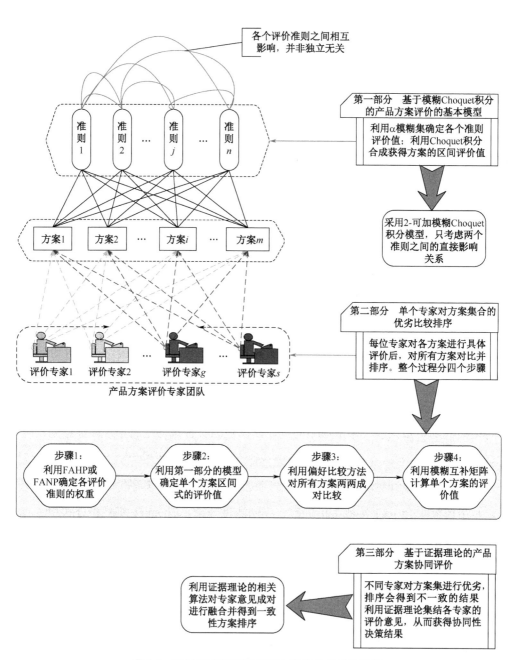

图 8.1 透平膨胀机质量控制方案评价的总体流程

8.2　产品概念方案模糊积分评价

波兰学者 Zadeh 于 1965 年提出了著名的模糊集合（Fuzzy Theory）概念并使其独立地发展成为一个新兴的人工智能领域的分支。此后，数学家在模糊集合的基础上提出了模糊数的概念并已得到广泛应用。模糊数 $\widetilde{FN} = (ls, ms, us)$，是定义在实数域 $\mathbf{R}$ 上的正规凸模糊集，其中，$ls \leqslant ms \leqslant us$。模糊数 $\widetilde{FN}$ 的隶属函数的一般表达式可以写为：

$$\mu_{\widetilde{FN}}(x) = \begin{cases} (x - ls)/(ms - ls), & ls \leqslant x \leqslant ms \\ (us - x)/(us - ms), & ms \leqslant x \leqslant us \\ 0, & \text{其他} \end{cases} \tag{8-1}$$

模糊数 $\widetilde{FN}$ 的 α-截集定义为：$\widetilde{FN}^{\alpha} = \left\{ x \mid \mu_{\widetilde{FN}}(x) \geqslant \alpha \right\}, \alpha \in [0,1]$。经 α-截集算子操作后得到的模糊区间数可表示为：$[(ms - ls)\alpha + ls, -(us - ms)\alpha + us]$。任意两个区间模糊数满足下列运算法则：

$$A^{\alpha} + B^{\alpha} = [\,_{L}A^{\alpha} + \,_{L}B^{\alpha}, \,_{R}A^{\alpha} + \,_{R}B^{\alpha}]$$

$$A^{\alpha} - B^{\alpha} = [\,_{L}A^{\alpha} - \,_{L}B^{\alpha}, \,_{R}A^{\alpha} - \,_{R}B^{\alpha}]$$

$$A^{\alpha} \times B^{\alpha} = [\,_{L}A^{\alpha} \times \,_{L}B^{\alpha}, \,_{R}A^{\alpha} \times \,_{R}B^{\alpha}]$$

$$A^{\alpha} \div B^{\alpha} = [\,_{L}A^{\alpha} \div \,_{L}B^{\alpha}, \,_{R}A^{\alpha} \div \,_{R}B^{\alpha}]$$

$$k > 0, kA^{\alpha} = [k \,_{L}A^{\alpha}, k \,_{R}A^{\alpha}]$$

8.2.1　透平膨胀机质量控制方案评价的基本问题描述

透平膨胀机质量控制方案评价形成于概念化阶段且蕴含着多种不确定性因素，因此评价专家对产品方案进行评价时所提供的信息往往会具有语言化和模糊化特点。在许多文献中，评价专家根据经验和知识对产品方案进行判断后利用模糊语言变量进行评价。虽然这个方法在实践中有良好的可操作性，但采用统一的模糊度量尺度通常会缺乏柔性。而在模糊集基础之上定义的 α-截集算子可以根据不同的置信水平对模糊数进行截取并获得区间数来为决策提供更多灵活性。因此基于模糊积分的空分设备质量控制方案评价评价方法采用

α-截集算子对模糊数进行截取而获得相应的模糊评价区间数。在评价过程中，α(0≤α≤1)取值越小将表示不确定性越大，反之亦然。例如，对空分设备的生产能力这一准则进行评价时，专家给出的评价为：好→三角模糊数(0.7,0.8,0.9)；当 α=0.5 时对其截取得到的评价值变为区间数[0.75,0.85]，而当 α=0 时截取到的评价值变为区间值[0.7,0.9]。在以模糊语义变量评价的基础上，评价专家可根据自身的认知程度对模糊数进行截取并获得区间数形式的评价值，所以每个准则的评价值均是一个区间数。

透平膨胀机质量控制方案评价是一个典型的多准则决策问题，通常情况下可以描述为：假定 m 个空分设备质量控制方案构成集合 $X=\{X_1,X_2,\ldots,X_m\}$，而 $A=\{a_1,a_2,\ldots,a_n\}$ 和 $W=\{w_1,w_2,\ldots,w_n\}$ 分别是方案的质量评价准则集合及其权重集合。方案 i 关于第 j 个准则的模糊 α-截集评价值记为 $(\tilde{E}_{ij})^\alpha$，其中，$1\leq i\leq m$，$1\leq j\leq n$。传统的产品方案评价方法是利用加权平均法，即按照公式 $\sum_{j=1}^{n} w_j(\tilde{E}_{ij})^\alpha$ 进行计算，从而获得第 i 个产品设计方案的整体评价。

这种典型的加权平均决策模型本质上是以各个评价准则具有线性独立关系为假设前提的，但这样的假设条件在实际情况下很难成立。以透平膨胀机的三个评价准则，即生产能力(a_1)、产品提纯率(a_2)和分馏效率(a_3)为例，来说明评价准则之间的关联性。假设三个准则在不考虑关联性时的权重分别为 0.4、0.3 和 0.3。而在实际中，通过调查了解到(a_1)和(a_2)具有合作互补的关系，即(a_1)$\bigcup$(a_2)>0.7。因为在透平膨胀机方案中，生产能力(a_1)和产品提纯率(a_2)这两项指标实际上具有相互促进性作用。通俗来说，设计人员认为 a_1 和 a_2 如果能够合并成一个准则的话，那么合并后的准则将会凸显出更重要的作用。导致出现这种情况的根本原因是在确定各准则重要度时，并未考虑各准则之间的关联关系。所以按照传统的决策思想，视产品方案的各评价准则之间只是简单的线性相加关系难免有失客观性。而模糊积分考虑了事物之间的关联性，从而为分析上述问题提供了有效手段。

8.2.2　基于模糊 Choquet 积分的透平膨胀机方案质量耦合评价模型

日本数学家 Sugeno 摒弃了经典概率测度理论中不合理的假设条件，对其进行改进并提出了模糊积分理论。该理论不需要假设各评价准则之间是独立无关的，从而为处理评价准则之间的相关性提供了基础，并在多个科学领域中得到广泛应用。根据相关文献，用于透平膨胀机的质量控制方案多质量准则评价的模糊测度和模糊积分的概念可以进行如下描述。

设 $A=\{a_1,a_2,\ldots,a_n\}$ 作为透平膨胀机质量控制方案的评价准则集合，$\Omega(A)$ 表示 A 的幂集。在 Borel 可测空间 (A,Ω) 中，存在映射函数 μ：$\Omega(A) \to [0,1]$。μ 同时满足以下两个法则：

（1）有界性：$\mu(\Phi)=0$，$\mu(A)=1$；

（2）单调性：$\forall E$，$F \in \Omega(A)$，如果 $E \subseteq F$，则 $\mu(E) \leqslant \mu(F)$ 必成立；$\forall C$，$D \in \Omega(A)$ 且 $C \bigcap D=\Phi$，若存在一个常数项 $\lambda \in (-1,0) \cup (0,\infty)$，使得关系式

$$g_\lambda(C \cup D) = g_\lambda(C) + g_\lambda(D) + \lambda g_\lambda(C)g_\lambda(D) \tag{8-2}$$

成立，那么 g_λ 便被称为 $\Omega(A)$ 上的 λ-模糊测度。在透平膨胀机质量控制方案的评价过程中，根据模糊测度的思想可知，g_λ 表示质量评价准则集合的总体权重，如 $g_\lambda(C)$ 表示质量准则集合 C 所包含的所有质量准则的总权重。但需要指出的是，这里总权重的概念并不是各个质量准则权重的简单加和，而是考虑各准则之间到彼此耦合关系和关联关系后的非线性加和，而 λ 值正是考虑各个质量准则之间的耦合类型和耦合值大小的综合体现。而单个质量评价准则的模糊测度就等同于其自身的权重，即 $\mu(a_j)=w_j$，$1 \leqslant j \leqslant n$。

模糊积分是定义在模糊测度基础上的一种非线性函数，比较常用的模糊积分是 Choquet 积分。利用数学归纳法和 MÖbius 转换关系，可以获得准则集的 n-可加模糊 Choquet 积分表达：

$$C_{\mu-n}(a_1,a_2,\cdots a_n) = \sum_{i=1}^{n} \mu(N_{(i)})(a_{(i)} - a_{(i-1)}) \tag{8-3}$$

其中，$a_{(i)}$ 表示按照准则的评价值大小对各准则进行排序后的第 i 大的准则，从而使 $a_{(1)} \leqslant \cdots \leqslant a_{(i)} \leqslant \cdots \leqslant a_{(n)}$ 成立，并规定 $a_{(0)}=0$，$N_{(i)} = \{a_{(i)},\cdots,a_{(n)}\}$。$n$-可加模糊 Choquet 积分是综合考虑 n 个质量评价准则交互影响条件下的透平膨胀机质量控制方案评价模型。由于 $a_{(i)}$ 的值已知，只需求解模糊测度 $\mu(N_{(i)})$ 就可得到透平膨胀机质量控制方案的评价结果。利用数学归纳法，可以推导出包含 $q(2 \leqslant q \leqslant n)$ 个属性的 λ-模糊测度表达式为：

$$g_\lambda(a_1,a_2,\cdots,a_q) = \sum_{i=1}^{q} g_i + \lambda \sum_{i=1}^{q-1} \sum_{j=1}^{q} g_i g_j + \cdots + \lambda^{q-1} g_1 g_2 \cdots g_q = \frac{1}{\lambda} \left| \prod_{i=1}^{q}(1+\lambda g_i) - 1 \right| \tag{8-4}$$

其中，g_i 是单个属性 a_i 的模糊测度 $g_\lambda(a_i)$ 的简写形式。λ 值可以结合专家的知识，在满足方程 $g_\lambda(a_1,a_2,\cdots,a_n)=1$ 的条件下，利用相关方法进行求解。在得到各种粒度属性集合

所对应的 λ 值和模糊测度后，便可以根据式（8-4）得到对象 Ξ 的 n-可加模糊 Choquet 积分评价值 $\Omega(\Xi)$。

为求解模糊测度 $\mu(N_{(i)})$，Marichal 定义了模糊测度熵：

$$H_M(\mu) = \sum_{i=1}^{n} \sum_{S \subseteq A/\{a_i\}} \left\{ \left(\frac{(n - \mathrm{card}(S) - 1)!}{n!} \right) \times \left(\frac{h(\mu(S \cup \{a_i\}) - \mu(S))}{\mathrm{card}(S)!} \right) \right\} \tag{8-5}$$

其中，$h(x)$ 满足关系式（8-6），$\mathrm{card}(S)$ 表示质量准则集合 S 的势函数。

$$h(x) = \begin{cases} -x \ln x & x > 0 \\ 0 & x = 0 \end{cases} \tag{8-6}$$

以式（8-5）最大化为目标，在满足 Shapley 关系的条件下，提出了 $\mu(S)$ 的基于闵可夫斯基贴近度求解方法（细节参见章玲的相关文献）。除此之外，决策领域的许多学者还提出了模糊测度的多种求解方法，例如，基于遗传算法的求解方法、基于递归计算的求解方法、基于专家经验的求解方法等，限于本章篇幅此处不再详述。

根据 $\mu(S)$ 的表达式，可以较为容易地确定出 $\mu(N_{(i)})$。n-可加 Choquet 积分考虑问题虽然较为全面和严谨，但 $\mu(N_{(i)})$ 的计算过程过于复杂因此很难得到精确的解析解。为了简化计算，SAAD 和 BÜYÜKÖZKAN 分别将 2-可加模糊 Choquet 积分用于车间调度问题和风险分析问题并取得良好效果。顾名思义，2-可加模糊 Choquet 积分就是评价事物时只考虑属性之间的两两关联关系而忽略三个属性以上的高阶交互关系。2-可加模糊 Choquet 积分的决策模型理论上虽然会略失周全性，但在不过分追求严密性的条件下仍不失准确性，而且 2-可加模型具有较高的可操作性和方便性。因此，本节将 2-可加模糊 Choquet 积分公式（8-7）用于透平膨胀机质量控制方案的评价。

$$\Omega_{\lambda-2}(a_1, a_2, \cdots a_n) = (a_1, a_2, \cdots a_n) \mathrm{e}(g_\lambda(a_1), g_\lambda(a_2), \cdots g_\lambda(a_n))$$

$$= \sum_{I_{jk} > 0} (a_j \wedge a_k) I_{jk} + \sum_{I_{jk} < 0} (a_j \vee a_k) |I_{jk}| + \sum_{j=1}^{n} a_j \left(g_\lambda(a_j) - \frac{1}{2} \sum_{j \neq k} |I_{jk}| \right) \tag{8-7}$$

其中，$\wedge$ 和 $\vee$ 分别为取最小值和取最大值运算符；关联因子 I_{jk} 满足关系式：$\mu(a_j \bigcup a_k) = \mu(a_j) + \mu(a_k) + I_{jk}$，$I_{jk}$ 表示准则 a_j 和 a_k 之间的关联程度，$I_{jk} \in [-1,1]$ 可以比较容易地由设计人员根据知识来确定；$I_{jk} > 0$ 时，表示 a_j 和 a_k 具有互补性，I_{jk} 越大表示互补性越强；$I_{jk} < 0$ 时，表示 a_j 和 a_k 具有重复性，I_{jk} 越小表示重复性越大；$I_{jk} = 0$ 时，表示 a_j

和 a_k 具有独立性，这时决策模型还原为传统的赋权加和模型。

8.3　产品概念方案集合的优劣排序

假定有 s 个评价专家参与 m 个候选的透平膨胀机质量控制方案评价活动。每个方案评价专家根据自己的经验和知识对所有方案的 n 个评价准则依次进行评价。方案评价专家通过评价来确定透平膨胀机质量控制方案优劣排序关系的具体步骤如下。

步骤 1：通过系统化地对透平膨胀机质量控制方案进行分析并确定出所有的评价准则。利用 FAHP（Fuzzy Analytic Hierarchy Process）或 FANP（Fuzzy Analytic Network Process）等数学方法结合专家的知识确定出每个评价准则的权重。第 j 个评价准则的权重记为 w_j，且满足 $\sum_{j=1}^{n} w_j = 1$。

步骤 2：以模糊语言变量和模糊数集合{不可接受(0，0.1，0.2)，差(0.1，0.2，0.3)，较差(0.2，0.3，0.5)，一般(0.3，0.5，0.7)，较好(0.5，0.7，0.9)，好(0.7，0.8，0.9)，非常好(0.9，0.9，1)}作为评价透平膨胀机质量控制方案的基本尺度。按照模糊 α-截集评价方法，方案评价专家 g 确定了方案 i 关于第 j 个准则的评价值记为 $(\tilde{E}_{ij}^g)^\alpha$，其中满足关系 $1 \leqslant i \leqslant m$，$1 \leqslant j \leqslant n$。这样 s 个评价专家组成的决策团队一共给出 s 个透平膨胀机质量控制方案评价矩阵 $\left[(\tilde{E}_{ij}^g)^\alpha\right]_{m \times n}$。

步骤 3：根据模糊测度的知识可知，单个评价准则的模糊测度即为自身的权重，$\mu(a_j) = w_j$，$1 \leqslant j \leqslant n$。方案评价专家可根据产品的功能物理结构来确定各评价准则之间两两交互关系 I_{jk}。利用 2-可加模糊 Choquet 积分公式进行计算，可得到第 g 个专家对方案 X_i 的评价值 $\tilde{E}_i^g$，可以表示为：

$$\tilde{E}_i^g = \sum_{I_{jk}>0} ((\tilde{E}_{ij}^g)^\alpha \wedge (\tilde{E}_{ik}^g)^\alpha) I_{jk} + \sum_{I_{jk}<0} ((\tilde{E}_{ij}^g)^\alpha \vee (\tilde{E}_{ik}^g)^\alpha) |I_{jk}| + \sum_{j=1}^{n} (\tilde{E}_{ij}^g)^\alpha \left(w_j - \frac{1}{2} \sum_{j \neq k} |I_{jk}| \right) \quad (8-8)$$

从步骤 2 的计算过程可知，由于利用 α-截集算子的截取操作，所以 $(\tilde{E}_{ij}^g)^\alpha$ 实际上是一个区间数，故 $\tilde{E}_i^g$ 同样是一个区间数，为表示方便，将 $\tilde{E}_i^g$ 写成[$\tilde{E}_i^g(L)$，$\tilde{E}_i^g(U)$]的形式。为确定每个方案的优劣排序关系，采用偏好比较公式对所有透平膨胀机质量控制方案进行成对比较。

$$P(a > b) = \frac{\max\{0, L_1 + L_2 - \max(0, L_3)\}}{L_1 + L_2}$$ （8-9）

其中，$P(a > b)$ 表示 $a > b$ 的概率值；$a = [a_1, a_2]$ 和 $b = [b_1, b_2]$ 分别表示区间数；$L_1 = a_2 - a_1$，$L_2 = b_2 - b_1$，$L_3 = b_2 - a_1$。

步骤 4：专家 g 在对 m 个方案进行两两比较时，实际上便构建了一个 m 阶比较方阵 $\left|P_{ij}^g\right|_{m \times m}$。矩阵元素 $P_{ij}^g = P(\tilde{E}_i^g > \tilde{E}_j^g)$ 表示专家 g 对 X_i 和 X_j 进行优劣比较的结果，$P(\tilde{E}_i^g > \tilde{E}_j^g)$ 的数值大小可利用式（8-7）进行计算。根据偏好比较关系易知，在矩阵 $\left|P_{ij}^g\right|_{m \times m}$ 中，以对角线为对称的两个元素具有模糊互补关系，即满足关系式：$P_{ij}^g + P_{ji}^g = 1$。因此，根据模糊互补矩阵关系，可计算出单个透平膨胀机质量控制方案的评价值 $E_i^g = \dfrac{\sum\limits_{i=1}^m p_{ij}^g + \dfrac{m}{2} - 1}{m(m-1)}$，$E_i^g$ 是一个精确化的数值，E_i^g 越大，表示专家 g 认为透平膨胀机质量控制方案 i 越优。

8.4　产品概念方案证据推理团队协同评价

透平膨胀机质量控制方案的评价不仅是一个多准则评价过程，同时也是一个团队协同决策活动。经过计算，每个评价专家都会给出一个候选产品方案集的优劣排序关系。由于每个评价专家来自企业的不同部门（设计、制造、管理等），而且具有不同的知识水平和偏好，所以他们的评价意见往往存在冲突。

现有的产品方案评价方法大多都是为每个评价专家赋予一定的权值 λ_g 后，对团队成员的评价数值进行简单的加权求和。以方案 i 的评价为例，在数学上方案 i 的最终团队评价结果可以表示为 $\sum \lambda_g E_i^g$。但这种简单的加权平均法很难真实、客观地反映团队决策的不一致性效应。而 Dempster-Shafer 提出的证据理论协调决策模型能够模拟实际生活中人与人之间的谈判过程，从而能够以一种合理、和谐的方式对不同的意见进行集结，因此在很多工程领域得到广泛应用。例如，Dash 提出了基于证据理论的群决策集结方法并将其用于供应商的选择过程中。但传统的证据理论却忽视了不同重要度的证据源应当区别对待的原则。吕文红考虑了不同证据源在决策中具有不同的参考价值，对传统的证据理论通过加权进行修正，使证据理论模型更完善。基于此，结合 Dash、吕文红等人提出的证据理论决策模型，集结各个评价专家的意见，从而使产品方案评价团队的决策达到协同性、一致性的结果。

8.4.1　证据理论的基本概念

证据理论在处理不确定、不完全信息方面具有灵活性、互补性与协调性等优势，因而在故障诊断、刑事侦查和多属性决策等人工智能领域中得到广泛应用。以下仅介绍与本节相关的证据理论的基本概念和原理，更多的细节可参见相关文献。

假定存在由 q 个互斥的命题构成的集合空间 $\Theta = \{H_1, H_2, ..., H_q\}$，$\Theta$ 称为辨识框架。如果在 Θ 上存在映射函数 m：$2^\Theta \to [0,1]$，而且满足以下条件：

$$\begin{cases} m(\phi) = 0 \\ \sum_{A \subseteq 2^\Theta} m(A) = 1 \end{cases} \tag{8-10}$$

其中，ϕ、2^Θ 分别表示空集和幂集，称 $m(A)$ 为 A 的基本概率分配函数（Basic Probability Assignment），简称 BPA 函数。对于任意 $A \subseteq 2^\Theta$，如果 $m(A) > 0$，则 A 称为 m 的焦元；$m(A)$ 表示所提供的证据能够证明 A 成立的概率值。$m(\Theta)$ 是特殊焦元 Θ 的 BPA 函数，$m(\Theta)$ 是一种不确定性的概率度量反映，即所提供的证据无法确定 Θ 中任意一个具体命题成立的概率。

D-S 证据集结规则：给定定义在同一 Θ 上的两个独立证据源的 BPA 函数 m_1 和 m_2，根据 Dempster 正交和范式 $\oplus$，可以将 m_1 和 m_2 按照以下要求进行证据集结：

$$(m_1 \oplus m_2)(A) = \frac{1}{1-K} \sum_{B \cap C = A} m_1(B) m_2(C) \tag{8-11}$$

$$K = \sum_{B \cap C = \Phi} m_1(B) m_2(C) \tag{8-12}$$

其中，$B,C \subseteq 2^\Theta$ 都是 m_1 和 m_2 的焦元；K 称为规模化因子，其值大小反映了证据之间的冲突性大小。当证据源多于三项时，可按照同样的方法进行递归集结。例如，$m_1 \oplus m_2 \oplus m_3 = m_{12} \oplus m_3$，即首先集结 m_1 和 m_2 而获得 m_{12} 后，继续将 m_{12} 与 m_3 按照式（8-11）和式（8-12）进行正交加和来集结三个证据源的 BPA 函数，以此类推，可用同样的方式来集结多个证据源后获得一致性决策结果。

8.4.2 透平膨胀机质量控制方案的团队一致性决策模型

在透平膨胀机质量控制方案评价的专家团队中，共有 s 个专家参与产品的评价，每个专家的权重记为 λ_g，且满足 $\sum_{g=1}^{s} \lambda_g = 1$，$1 \leqslant g \leqslant s$。$s$ 个透平膨胀机方案评价专家根据 E_i^g 的大小对各个产品方案进行评价，由于各个专家意见的不一致，所以可能形成 s 种产品优劣排序关系。对于专家 g 而言，按照 E_i^g 值对 m 个方案进行排序得到排序结果为：$E_{(1)}^g \geqslant E_{(2)}^g \geqslant \cdots \geqslant E_{(m)}^g$，$E_{(i)}^g$ 表示被评为第 i 个等级的方案。在证据理论的框架下，用 BPA 函数的意义对 $E_{(i)}^g$ 的排序关系进行解释为：专家 g 认为方案 i 以概率值 $E_{(i)}^g \Big/ \sum_{i=1}^{m} E_{(i)}^g$ 在产品方案集合中处于第一等级。例如，两个方案评价的过程中：方案 1 的评价值为 6，方案 2 的评价值为 4，那么方案 1 以 0.6 的概率排序为第一等级，而方案 2 以 0.4 的概率排序为第一等级。以产品方案集合 $X = \{X_1, X_2, \ldots, X_m\}$ 作为辨识框架，以评价专家作为证据源，那么每个证据源的 BPA 函数分别表示为 $m_g(X_i)$，$m_g(X)$。其中，$m_g(X_i)$ 代表专家 g 将方案 i 排序为第一个等级的概率，则 $m_g(X_i) = E_i^g \Big/ \sum_{i=1}^{m} E_i^g$。$m_g(X)$ 表示专家 g 不知道如何确定产品方案的排序关系的程度，因为每个专家在评价方案时，通过 α-截集算子操作得到的都是区间式的评价值。这样就引入了以区间范围形式的不确定性，而一般的评价方法对这种不确定性产生的效果往往缺乏考虑。根据证据理论的基本思想，$m_g(X)$ 可以定义为：

$$m_g(X) = \frac{1}{m} \sum_{i=1}^{m} \frac{\tilde{E}_i^g(U) - \tilde{E}_i^g(L)}{\tilde{E}_i^g(U)} \tag{8-13}$$

由于不同评价专家具有不同的决策的地位，按照 MALCOLM 的修正方式对每个证据源的 BPA 函数进行修正并得到归一化的新 BPA 函数为：

$$m_g^N(X_i) = \frac{\tilde{m}_g(X_i)}{\sum_{i=1}^{m} \tilde{m}_k(X_i) + m_g(X)} \tag{8-14}$$

$$m_g^N(X) = \frac{m_g(X)}{\sum_{i=1}^{m} \tilde{m}_g(X_i) + m_g(X)} \tag{8-15}$$

其中，$\tilde{m}_g(X_i) = \lambda_g m_g(X_i)$，$1 \leqslant g \leqslant s$，$1 \leqslant i \leqslant m$。

在获得每个评价专家对透平膨胀机质量控制方案评价的新 BPA 函数后，依次递归计算得到团队决策的规模化因子 K_G，进而得到由 s 个专家组成的团队协同性评价 BPA 函数 $M_G(X_i)$ 和 $M_G(X)$。整个决策团队以概率值 $M_G(X_i)$ 将产品方案 i 评价为第一等级，而概率值 $M_G(X)$ 则表示了整个团队的决策不确定性。按照 Pignistic 不确定性再分配，将 $M_G(X)$ 进行处理得到最终的透平膨胀机质量控制方案的评价值为：

$$\text{Bet}P(X_i) = \sum_{A \subseteq X, X_i \in A} \frac{1}{|A|} \frac{M_G(A)}{1 - M_G(\phi)} \tag{8-16}$$

其中，$\text{Bet}P(A) = \sum_{B \subseteq X} \frac{|A \cap B|}{|A|} \frac{M_G(B)}{1 - M_G(\phi)}$。

$\text{Bet}P(X_i)$ 的数值越大，表示整个专家团队对透平膨胀机质量控制方案 i 的评价等级越高。根据 $\text{Bet}P(X_i)$ 值对 m 个候选透平膨胀机质量控制方案进行排序，便可以得到协同性综合评价结果。

第 **9** 章

产品结构多参数关联性能反演技术

9.1 引言

由于机电产品自身的复杂性，性能驱动的复杂机电产品设计涉及机械、控制、电子、液压和气动等多学科领域，设计参数繁多，并且参数之间彼此关联。例如，被广泛应用于农业生产、塑料包装、日用塑料制品、汽车工业、建材、家用电器和军事国防等领域的复杂大型注塑装备，其主要行为性能参数有注射速率、注射压力、模腔压力、注射量、保压压力、保压时间和塑化能力度等百余个，且大部分参数之间具有关联性。

有些性能驱动的复杂机电产品设计参数数据很难直接准确地获取或估算，理论计算参数数据与通过复杂机电产品开发试验和产品样机运行记录得到的离散设计参数数据之间往往存在很大误差。为了给复杂机电产品多参数关联的性能驱动产品设计提供相对准确的连续设计参数数据，将理论计算结果与在复杂机电产品开发试验和产品样机运行记录获得的数据结果采用数值与几何结合的分析方法，借助多参数关联的数值几何同伦反演技术，获得或逼近更实际的连续参数数据，有利于复杂机电产品关键多技术参数关联的定量分析。这就是复杂机电产品多参数关联行为性能反演问题，这对性能驱动的复杂机电产品设计的实现和优化具有重要的意义。

近年来，国内外学者对复杂机电产品设计参数数据的获取与分析主要采用单纯的解析方法或数值方法。但是，对于性能驱动的复杂机电产品设计，单纯的解析方法与单纯的数值方法与实际设计对设计参数数据的需求尚有一些差距，主要表现在以下几方面。

（1）单纯的解析方法需要建立多元的联立方程模型，求解困难，并且建模后往往由于模型存在缺陷导致没有设计参数的解析解。

（2）单纯的数值方法往往只能反映两个变量的离散关系，不能反映多变量变化的整体趋势。如多目标优化方法只能解决目标函数与多变量之间的极值分析，而不能解决多个技术参数的复杂、隐含的定性、定量关系，而且计算量大、求解复杂。

（3）性能驱动的复杂机电产品设计阶段，多个参数相互关联，难以建立符合实际的理论计算模型，理论计算值与实际测试值之间误差较大。而实际测试值又是离散的，不能连续有效地反映多个参数对复杂机电产品行为性能的影响。

因此，本章提出了一种将数值求解与多维几何结合的多参数关联行为性能反演技术，实现理论计算数据与实际测试数据的拟合，建立多参数关联行为性能反演分析模型。以复杂机电产品的主要性能影响参数为反演变量，以开发试验数据和产品运行记录为测试序列，以复杂机电产品行为性能参数方程为目标函数，应用几何同伦分析方法求解在目标函数最大时相应的反演变量。并利用多参数同伦两段分步修正行为性能反演结果。实现复杂机电产品关键行为性能多参数的关联定量分析，确定多技术参数变化时机电产品行为性能的整体变化趋势，使性能驱动的复杂机电产品设计由凭经验设计上升到理性设计。

9.2　产品结构多参数关联性能反演问题描述

9.2.1　多维几何空间行为性能反演坐标系

采用数值和多维几何相结合的方法进行机电产品行为性能多参数关联反演，需要建立一个适合的坐标系。机电产品多参数关联行为性能反演分析模型可以采用一个多维空间星形坐标系模型进行表述和支持。

应用多维空间星形坐标系建立复杂机电产品多参数关联行为性能反演模型涉及以下两个重要概念。

（1）事实（Facts）。事实是多维空间星型坐标系模型中需要进行反演分析的目标数据，它是反演的输出结果或趋势。多维空间星型坐标系中的事实往往是由多个参数或属性关联影响的。

（2）维度（Dimensions）。维度是进行反演过程时，多维空间星形坐标系模型中影响事实数据信息的相关参数或属性。它们之间有一定的关联关系，这种关联关系可以在多维空间星形坐标系中方便地表示。

作为复杂机电产品多参数关联行为性能反演模型的多维空间星形坐标系是由一个反演目标事实和一组具有关联关系的维度共同组成。多维空间星形坐标系模型中的事实与所有相关维度关联。但是，由于多维空间星形坐标系维度较多，为了避免维度上的层次混乱给反演带来的不便，多维空间星形坐标系需要满足以下 4 条基本原则。

（1）以反演事实为中心，多维空间星形坐标系中的维度与事实仅支持一对一或多对一的关系。

（2）多维空间星形坐标系各个相关维度上，要根据反演事实建立清晰的层次与结构。

（3）多维空间星形坐标系中的事实与具有关联关系的维度中的特定维度构成的二维坐标系能够支持正确的数据操作、数据映射与几何变换。

（4）多维空间星形坐标系中各个相关维度上建立的层次与结构，能处理不同维度、不同层次的不同粒度关系。

反演理论对于相关数据的完整性和精确性没有做任何假设和约定，导致实际的反演问题分类主要依赖于已知数据的数量和未知模型参数数据的数量。

（1）适定反演问题。如果给定反演问题的相关参数数据，且需要进行反演问题的解存在并且是唯一的，那么这个反演问题就被称为适定反演问题。在复杂机电产品行为性能反演问题中，相关数据中常常是带有观测噪音的，适定反演问题在复杂机电产品行为性能反演问题中通常是很少见的。

（2）超定反演问题。如果观测获得的数据比未知模型参数数据多，那么这个反演问题就成为一个超定反演问题。在这种情况下，反演问题不存在一个精确解。因此反演理论只是寻求一个最好的解。

（3）欠定反演问题。欠定反演问题是由于信息数据量不足，因此这种欠定反演问题可以有无限多个使预测误差为零的解。所以，为求得反问题的唯一解，保证给出的先验条件的正确性是非常重要的。

在反演理论中，若模型参数向量的维数大于观测向量的维数，则反演的解不唯一。这一结论对复杂机电产品行为性能反演同样适用，甚至更为严格。有些实际行为性能反演问题本身是离散的，而其模型参数向量的维数固定不变，试验数据和产品运行记录过少会造成解不唯一，这可以通过增加机电产品试验数据和产品运行记录来解决。对反演理论而言，无论怎样增加试验数据和产品运行记录，它们也只能记录有限个试验数据和产品运行，而连续函数具有无限个值，用有限个数据反演无数个性能参数值是非唯一的。当然，通过离散化采样，模型参数个数变成有限的，反演可能求出"唯一"解。但这个解并不一定能充分反映真实物理系统的性状。因此，在实际工作中，反演的非唯一性问题常常存在，是多参数关联机电产品行为性能反演过程中需要密切关注的一个重要问题。

复杂机电产品行为性能反演在遵循多维空间星形坐标系模型的概念和基本原则的基础上，在复杂机电产品多参数关联行为性能反演模型中，选定需要进行反演的复杂机电产品的行为性能作为多维空间星形坐标系的事实，影响这一性能的多个具有关联关系的参数或属性可作为多维空间星形坐标系的维度。

设复杂机电产品某一行为性能 P 由 n 个具有关联关系的参数共同影响，可以表示为参数空间向量 $\{X\}$，即：

$$\{X\} = [x_1, x_2, x_3, \ldots, x_n]^{\mathrm{T}}$$

则复杂机电产品多参数关联行为性能反演模型图如图 9.1 所示。

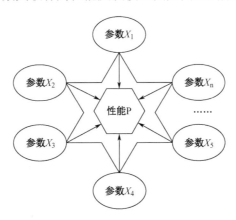

图 9.1　复杂机电产品多参数关联行为性能反演模型

塑化能力性能是大型注塑装备的重要行为性能之一，影响塑化能力性能的参数有螺杆直径、压力差、螺杆长径比和螺杆转速。建立塑化能力性能反演的多维空间星形坐标系，以大型注塑装备的塑化能力性能为反演事实，以螺杆直径、压力差、螺杆长径比和螺杆转速为维度。

塑化能力性能是理论计算公式为：

$$Q = \frac{\pi^2 D_s^2 h_3 n \sin\theta \cos\theta}{2} - \frac{\pi D_s h_3^3 \sin^2\theta}{12\eta_1} \frac{\Delta p}{L_3} - \frac{\pi^2 D_s^2 \delta^3 \tan\theta}{12\eta_2 e} \frac{\Delta p}{L_3} \qquad (9\text{-}1)$$

其中，

Q 表示大型注塑装备塑化能力性能；

D_s 表示螺杆直径；

Δp 表示压力差；

δ 表示螺杆长径比。

其他参数在特定大型注塑装备为常数。

大型注塑装备塑化能力性能试验数据和产品运行记录采样数据见表 9.1。

表 9.1　大型注塑装备塑化能力性能试验数据和产品运行记录采样数据

机　型	螺杆直径	压　力　差	螺杆长径比	螺杆转速	塑化能力
HTF60X	1.2	0.2	40	50	99.0
HTF80X	1.1	0.4	45	45	99.5
HTD60X	0.8	1.2	50	30	98.7
HTD80X	0.9	0.6	50	48	98.1
HTW60X	0.7	1.4	45	45	96.3
HTW70Y	1.2	0.8	60	42	98.2
……	……	……	……	……	……

根据大型注塑装备塑化能力性能的理论计算值和试验数据和产品运行记录采样数据建立的塑化能力性能反演多维空间星形坐标系模型如图 9.2 所示。

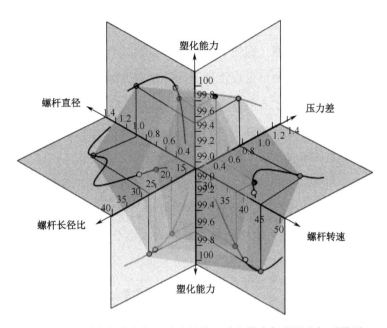

图 9.2　大型注塑装备塑化能力性能反演多维空间星形坐标系模型

9.2.2　多参数关联行为性能反演目标分析

复杂机电产品行为性能是由多个相互关联的参数所决定的，对行为性能进行反演处理就是为了获得更准确的性能知识，能更加准确地驱动机电产品设计。理论计算参数数据与通过复杂机电产品开发试验和产品样机运行记录得到的离散设计参数数据之间往往存在很大误差。为了给复杂机电产品多参数关联的产品设计提供相对准确的连续设计参数数据，减少误差给产品设计带来的不便，可将依据理论计算结果与在复杂机电产品开发试验和产品样机运行记录获得的数据结果进行分析。根据多参数关联的多维空间星形坐标系模型，可以将复杂机电产品行为性能反演分析的目标函数设为：

$$F(x) = \sum_{i=1}^{m} r_i^2(x) \qquad (9\text{-}2)$$

其中，m 表示性能参数值数据的实际试制或样机测试数据及样机运行记录数据的采样个数；$r_i(x)$ 表示第 i 个际测试数据值 $\bar{u}_i$ 与理论计算值 $u_i(x)$ 之差为 $r_i(x) = u_i(x) - \bar{u}_i$，称为基差。

性能驱动的复杂机电产品设计在产品设计初期的性能知识获取和整理中是极其重要

的。由于机电产品的复杂性，难以建立完整的性能理论计算模型，导致其性能的理论计算数据与实际测试数据有较大误差，减弱了理论计算数据对产品进一步设计的指导意义。而实际测试数据又是离散的，不足以完成性能驱动的复杂机电产品设计。因此，依据离散的测试数据与连续的理论数据，建立多参数关联行为性能反演分析目标。

由式（9-2）可以看出，机电产品多参数关联行为性能反演的过程就是寻找一组连续的性能参数 $\{X^*\}$，使得 $F(x^*) = \min F(x)$。

多参数关联行为性能反演分析的目标是致力于寻找理论计算结果和实际测试结果之间误差最小的，具有连续性的性能参数集合形成性能知识，以便驱动机电产品的设计。为方便阐述，以参数 x_1 与性能 P 建立的最简单行为反演分析模型的分析示意图如图 9.3 所示。

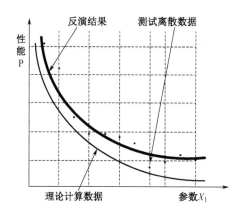

图9.3　参数 x_1 与性能 P 的反演分析示意图

在复杂机电产品多参数关联行为性能反演分析目标实现过程中，在具有关联关系的参数多于 3 个的条件下，反演分析目标可在每一个参数可能的变化范围内找到一组使理论计算结果和实际测试结果之间误差为最小的最佳连续参数集合。

当反演分析参数维度较高时，为方便性能分析，往往要对相关参数维度进行映射和变换。在映射和变换过程中，要保证参数在多维空间星形坐标系下映射的严格性与变换的同素性，即从属关系不变、顺序关系不变、关联关系不变及简比关系不变。这样才能够保证在反演分析过程中，在实现反演分析目标的前提下获得正确的反演结果。

9.3　多参数关联行为性能同伦反演算法

9.3.1　多参数混合反演系统的建立

进行复杂机电产品行为性能反演是一个系统的工程。在这个系统中，影响行为性能反演过程和结果的因素是多种多样的。因此，需要建立一个统一的反演分析系统，对影响行为性能反演过程和结果的因素进行归纳分析，这也有利于多反演相关数据的处理和总结。

基于同伦理论，一种新的解析方法 PE-HAM 被广泛应用于实际反演问题，该方法不依赖于反演系统内含有的参数，并且克服了传统反演方法摄动法的缺点，在反演系统内含有小参数或不含有小参数时都可以用来对线性和非线性混合系统进行精确的反演分析。而且 PE-HAM 反演方法具有坚实的理论基础（微分拓扑中的同伦理论），从理论上保证了该方法的合理性。

从数学的角度看，复杂机电产品多参数关联行为性能反演问题往往是线性问题和非线性问题组合的混合系统，而不是由线性问题或者非线性问题单独影响的单一系统。可以归纳为：

$$L(x) + N(x) = P(t) + \sigma(t) \tag{9-3}$$

其中，$L(x)$ 是复杂机电产品多参数关联行为性能反演系统中的一类线性微分算子的表示形式；$N(x)$ 是复杂机电产品多参数关联行为性能反演系统中的一类非线性微分算子的表示形式；$P(t)$ 表示复杂机电产品多参数关联行为性能反演系统中机电产品性能的真实响应；$\sigma(t)$ 表示复杂机电产品多参数关联行为性能反演系统中机电产品性能的测试或系统误差。

9.3.2　几何同伦行为性能反演实现

机电产品行为性能反演是一个由线性问题和非线性问题组合的混合系统。在行为性能反演问题中，实际并不要求这个混合系统中的相关参数为小参数，这一混合系统的多参数关联行为性能同伦反演算法的实现步骤如下。

步骤 1：构造同伦映射关系。构造复杂机电产品开发试验和产品样机运行记录得到的离散设计参数数据与理论计算参数数据之间的同伦映射。

设第 i 个参数的第 j 个实际测试数据为 $\bar{u}_{ij}$，理论计算为 $u_i(x)$，那么构造同伦映射为：

$$H : \bar{u}_{ij} \rightarrow u_i(x, p, r)$$

应当满足：

$$\begin{aligned} H_i(x, p, r) = (1 - rp)[L(x) - L(x_0)] + \\ rp[L(x) + N(x) - P_i(t)] - r^q p^q \partial_i(t) \end{aligned} \tag{9-4}$$

其中，p 和 r 为嵌入的参数，$p \in [0, 1/r]$，$r \in \mathrm{R}$，$q \in \mathrm{Z}$。那么，当 $r \gg 1$ 时，$q \ll 1$。

令 $H_i(x, p, r) = 0$，则式（9-4）可化为：

$$(1 - rp)[L(x) - L(x_0)] + rp[L(x) + N(x) - P_i(t)] - r^q p^q \partial_i(t) = 0 \tag{9-5}$$

其中，x_0 是性能方程 $L(x) = 0$ 在 $p = 0$ 时的解。那么，由此容易得出当 $p = 0$ 时，式（9-5）可退化为一个线性微分方程，当 $p = 1/r$ 时，式（9-5）就是混合系统。

分析可以得出，当嵌入参数 p 从 0 连续变化到 $1/r$ 时，式（9-5）的解 $u_i(x, p, r)$ 从 $u_0(x)$ 连续变化到混合系统的解 $u(x)$，即：

$$\lim_{p \to 1/r} u_i(x, p, r) = u(x) \tag{9-6}$$

步骤 2：将同伦反演频率 Ω 展开为嵌入参数 p 的级数。

在混合系统中，Ω 是 $P(t)$ 的频率，假设 $P(t) = 0$，$\sigma(t) = 0$，则可将 Ω 展开为 p 的级数。

$$\Omega_i(p) = \Omega_{i0}^2 + \Omega_{i1} p + \Omega_{i2} p^2 + \Omega_{i3} p^3 + \cdots \tag{9-7}$$

步骤 3：引入同伦变换 τ。

设变换：

$$\tau = \Omega t \tag{9-8}$$

将式（9-7），式（9-8）代入式（9-5），得到：

$$(1 - rp)[L(x) - L_0(x_0)] + rp[L(x) + N(x) - P_i(\tau)] - r^q p^q \partial_i(\tau) = 0 \tag{9-9}$$

其中，$L(x) = L(x(\tau, p))$ 是在机电产品行为性能反演系统中的一类线性微分算子的表示形式；$N(x) = N(x(\tau, p))$ 是在机电产品行为性能反演系统中的一类非线性微分算子的表示形式。

同时还要满足：

$$P_i(\tau) = P_i(t)\big|_{\tau=\Omega t} \tag{9-10}$$

$$\sigma_i(\tau) = \sigma_i(t)\big|_{\tau=\Omega t} \tag{9-11}$$

所以，很容易证明式（9-9）和式（9-5）是等价同解的，完全符合复杂机电产品多参数关联行为性能反演分析模型映射的严格性与变换的同素性。

步骤 4： 确定同伦反演中的测试或系统误差 $\sigma(\tau)$。

为了方便对式（9-9）进行求解操作，对嵌入参数 p 计算 k 阶偏导数，并令 $p=0$，可以得到：

$$\begin{cases} L_i(x_0) = 0 \\ \\ -r(k+1)L_i(x_0)^{(k)} + L_i(x_0)^{(k+1)} = -r(k+1) \\ \quad [L_i(x_0)^{(k)} + N_i(x_0)^{(k+1)} - P(\tau)], k=0 \\ \\ -r(k+1)L_i(x_0)^{(k)} + L_i(x_0)^{(k+1)} = -r(k+1) \\ \quad [L_i(x_0)^{(k)} + N_i(x_0)^{(k)}], 0 < k \neq q-1 \\ \\ -r(k+1)L_i(x_0)^{(k)} + L_i(x_0)^{(k+1)} = -r(k+1) \\ \quad [L_i(x_0)^{(k)} + N_i(x_0)^{(k)}] + q!r^q\sigma(\tau), k=q-1 \end{cases} \tag{9-12}$$

其中，

$$L_i(x_0)^{(k)} = \frac{\partial^k L_i(x)}{\partial p^k} \tag{9-13}$$

$$N_i(x_0)^{(k)} = \frac{\partial^k N_i(x)}{\partial p^k} \tag{9-14}$$

式（9-12）是 k 阶同伦变换方程。$L_i(x_0)^{(k)}$ 和 $N_i(x_0)^{(k)}$ 为影响复杂机电产品行为性能的第 i 个参数的 k 阶导数。

从式（9-12）可以看出，式（9-12）为一组线性随机微分方程。$\sigma(\tau)$ 出现在第 $q+1$ 个方程中。如果令 $q=1$，则 $\sigma(\tau)$ 在式（9-12）的第 2 个方程中最先出现。所以，可以通过选择 q 的值来决定 $\sigma(\tau)$ 在式（9-12）中最先出现的位置。

步骤 5：求同伦反演近似解。将嵌入参数在 $p = 0$ 处展开成泰勒（Taylor）展开式。令 $p \to 1/r$，可以得到反演结果：

$$x^* = \lim_{p \to 1/r} \left(x_0 + \sum_{k=1}^{\infty} \frac{x_0^{(k)}}{k!} p^k \right) = x_0 + \sum_{k=1}^{\infty} \frac{x_0^{(k)}}{k!} \frac{1}{r^k} \tag{9-15}$$

将 $x_0^{(k)}$ 和 $\tau = \Omega t$ 代入式（9-5），很据路径定理，则可以获得复杂机电产品多参数关联行为性能反演问题的混合系统的 k 阶反演近似解，并且可以证明式（9-5）满足正则性要求，同伦路径是存在的。

9.4 同伦两段分步的行为性能参数修正

对于复杂机电产品开发试验和产品样机运行记录数据而言，实际测试数据不可避免地会有测试误差。正则化方法可以在一定程度上减少或抑制测试误差。通过分析多参数同伦的正则化效应，给出计算残差相关的多参数同伦反演修正方法，并结合连续化多参数同伦反演修正方法，提出更加适合复杂机电产品性能修正的多参数同伦两段修正方法。

设复杂机电产品行为性能实际测试数据 $P(x_i)$ 带有测试误差，即

$$P(x_i) = P^*(x_i) + \sigma \tag{9-16}$$

其中，σ 表示复杂机电产品行为性能实际测试数据的测试误差；$P^*(x_i)$ 表示复杂机电产品行为性能不含误差的真值。

同伦反演的正则化修正公式为：

$$(1-\lambda)\{G^{\mathrm{T}} G \Delta p + G^{\mathrm{T}}[P(p^n, x_i) - P^*(x_i)]\} + \lambda \Delta p = 0 \tag{9-17}$$

将式（9-16）代入式（9-17），整理可得：

$$[(1-\lambda)G^{\mathrm{T}} G + \lambda I]\Delta p + (1-\lambda)G^{\mathrm{T}}[(P(p^n, x_i) - P^*(x_i)) - \sigma] = 0 \tag{9-18}$$

矩阵 G 是一长方形矩阵，和机电产品行为性能同伦反演的参数数量有关，对其做奇异值分解：

$$G = U \mathrm{diag}(s_i) V^{\mathrm{T}} \tag{9-19}$$

其中，U 表示左奇异向量构成的矩阵，V 表示右奇异向量构成的矩阵，s_i 表示按下降顺序排列的奇异值。

并且满足以下条件：

$$U^{\mathrm{T}}U = I$$

$$V^{\mathrm{T}}V = I$$

$$Gv_i = s_i u_i$$

$$G^{\mathrm{T}}u_i = s_i v_i$$

其中，v_i 和 u_i 分别为第 i 个右、左奇异向量。

将式（9-9）代入式（9-18），并令 $\Delta C = P(p^n, x_i) - P^*(x_i)$，整理可得：

$$\sum_{i=1}^{m}[(1-\lambda)s_i^2 + \lambda]\Delta p + \sum_{i=1}^{m}(1-\lambda)s_i u_i^{\mathrm{T}}(\Delta C - \sigma)v_i = 0 \tag{9-20}$$

即：

$$\Delta p = \sum_{i=1}^{m}\frac{(1-\lambda)s_i u_i^{\mathrm{T}}\Delta C}{(1-\lambda)s_i^2 + \lambda}v_i - \sum_{i=1}^{m}\frac{(1-\lambda)s_i u_i^{\mathrm{T}}\sigma}{(1-\lambda)s_i^2 + \lambda}v_i \tag{9-21}$$

从式（9-21）可以看出，当不考虑实际测试数据的测试误差，即 $\sigma = 0$ 时，逐步减小 λ 的取值，当值逼近于 0 时，$\|\Delta C\| \to 0$。从而保证复杂机电产品多参数关联行为性能反演的修正结果是准确的。

但是，当奇异值 s_i 的某些分量非常小时，并且考虑实际测试数据的测试误差，式（9-21）中的 $\sum_{i=1}^{m}\dfrac{(1-\lambda)s_i u_i^{\mathrm{T}}\sigma}{(1-\lambda)s_i^2 + \lambda}v_i$ 在方程的右端占有绝对优势，从而造成修正误差的放大，导致修正结果不准确，甚至导致求解过程的发散。

正则化方法就是通过选取合适的正则化参数达到抑制或降低测试误差给行为性能反演带来的影响。从式（9-21）可以看出，当迭代结束时，选取一个合适的非 0 值，可以达到抑制或降低测试误差的目的，即多参数同伦的正则化效应。

在求解复杂机电产品多参数关联行为性能反演问题的迭代过程中，计算结果应该不断地向实际测试结果 $P(x_i)$ 靠近。定义第 n 个迭代步骤中反演计算结果与观测结果之间残差 η 的归一化强度为：

$$\|\eta^n\| = \frac{(\|P(p^n, x_i)\| - \|P^*(x_i)\|)^2}{\max\{\|P(p^n, x_i)\|^2, \|P^*(x_i)\|^2\}} \tag{9-22}$$

由式（9-22）可知：$\parallel \eta^n \parallel \in [0,1]$。

伴随迭代次数的不断增加，反演结果不能与实际测试结果 $P(p^n, x_i)$ 完全重合，而且与实际测试的误差越大，两个结果之间的计算残差也越大，说明计算残差 $\parallel \eta^n \parallel$ 与实际测试的误差相关。在此意义上，选择修正参数如下：

$$\lambda^n = \parallel \eta^n \parallel \tag{9-23}$$

连续化多参数同伦反演修正方法和式（9-22）和式（9-23）提出的计算残差相关的多参数同伦反演修正方法各有优点和不足。对于连续化多参数同伦反演修正方法，参数是稳定而连续的，可以保证稳定的跟踪同伦反演路径及迭代的稳定进行。但在修正迭代的后期，参数的变化也将变得十分缓慢，会降低计算效率。在存在实际测试误差的情况下，计算残差相关的多参数同伦反演修正方法虽然可以保证同伦反演结果的准确性及较好的计算效率，但是参数同伦反演的修正与计算残差相关，其变化是一种跳跃型的间断变化过程，不能保证计算的稳定性。

因此，综合考虑连续化多参数同伦反演修正方法和本章提出的计算残差相关的多参数同伦反演修正方法，提出了更适合复杂机电产品多参数关联行为性能反演修正的二段同伦修正方法。在行为性能反演修正迭代的初始阶段，反演结果与实际测试结果之间的残差远远大于测试误差，此阶段多参数同伦反演修正的主要目的是追踪同伦路径，采用连续化多参数同伦反演修正方法，保证修正迭代的稳定性和高效性。当修正迭代参数的变化变得十分缓慢，计算效率明显降低时，即参数 λ^n 下降到门限值 $\overline{\lambda}$ 后，依据式（9-22）和式（9-23），采用计算残差相关的多参数同伦反演修正方法，保证修正迭代结束时行为性能反演结果的准确性，并提高修正算法的效率。

第**10**章

产品结构多目标拓扑优化技术

10.1 引言

　　液压机的支承结构主要由承载板、传力板经由铸造或焊接刚性连接构成，传力板是其主要的承载结构，传力板与承载板呈正交分布，给予承载板支承使其刚度得到保证，在液压机的工作状态下使承载板的最大挠度满足设计要求。而传力板的分布、板厚的大小是整个支承结构刚度的重要设计变量。传统的支承结构的传力板分布设计大多依据设计人员经验，通常情况下，传力板一般均匀分布，形成规整的方格或错位方格结构，在设计完成后进行计算校核使得结构刚度满足需求。在一般情况下传统的液压机支承结构布局设计可以满足使用要求，但是这样的设计并非设计的最优解，难以做到材料的最合理分布，无法满足支承结构的轻量化，造成了材料的浪费，对新型、特殊的液压机结构也不能起到指导意义。此外，液压机的工况环境通常带有一定的不确定性，其结构尺寸参数、材料属性等由于加工、制造等一系列方面的偏差通常有一定的随机性，受力结构的载荷工况的时变性、运行环境的多样性也给支承结构的载荷边界条件带来了一定的随机性。

　　针对液压机支承结构这类由板系结构连接构成的离散结构，本章采用离散拓扑优化的方法对其进行优化设计，在支承结构的初始设计阶段为设计人员提供一个概念性的设计方案，改变以往传统方法的设计、校核的流程，使支承结构的材料应用于最合理的位置，达到整体结构轻量化的目的。本章的拓扑优化设计基于支承结构基结构设计，考虑制造与运行过程中的不确定性，在离散结构拓扑优化数学模型的基础上，采用改进的 TLBO 算法对支承结构的基结构进行可靠性与稳健性拓扑优化，使结构的设计在经济性与安全性间趋于一定平衡，最终形成传力板布局、尺寸的最优设计方案。

10.2　产品结构多目标优化算法及其改进

10.2.1　基本 TLBO 算法及其流程

Rao 等人在 2010 年提出模拟教学学习过程的 TLBO 算法，类似于遗传算法、粒子群算法等，TLBO 算法也是一种基于种群的启发式学习算法。TLBO 算法的具体流程可以大致描述为：在设计空间中随机生成一系列解，即为初始种群，每个解为一个学生，则所有学生组成的种群为一个班级，而对于班级中的每位学生，计算其对于优化目标的适应值，挑选其中表现最好的学生（适应值最大或最小）作为教师。在教学阶段，其余的学生通过向挑选出的教师进行学习，学生个体的设计参数向教师个体的设计参数靠近，从而提升个体的适应值。在教学阶段之后为互学阶段，类似于学生之间互相学习交流学习心得，学生个体之间在互学阶段互相交流，从而提升每个个体的学习成绩。每一轮的教学与互学阶段完成后，班级整体的知识水平得到提高，即整体种群越来越向最优解靠拢。TLBO 算法所需的参数较少，算法简易且收敛能力强，收敛速度较快，受到了较多研究者的关注，其在工程结构的优化设计方面的应用较多。Toğan 采用 TLBO 算法针对平面钢框架结构进行了优化设计；马文强等人基于混合 TLBO 算法，对炼钢连铸的调度过程进行了优化；Degertekin 和 Camp 分别将 TLBO 算法应用于平面桁架与空间桁架的优化设计中；Dede 考虑离散设计变量，采用 TLBO 算法进行了桁架结构的优化设计，与同类优化算法相比，TLBO 算法具有计算效率高的特点。

TLBO 算法的主要三个阶段的具体数学描述。

（1）种群初始化。随机生成 N 维 D 列的初始种群，N 表征学生数目，D 为变量数，指定种群迭代次数 G 及其他初始条件。同时指定每个变量的上限与下限，种群生成过程如下，其中 rand 为 0-1 的随机数。

$$x^1_{(i,j)} = x^{\min}_j + \text{rand} \times (x^{\max}_j - x^{\min}_j) \tag{10-1}$$

其中，$x_{(i,j)}^1$ 为初始个体，$x_j^{\max}$ 和 $x_j^{\min}$ 分别为变量的上限和下限。

（2）教学阶段。计算初始种群每个个体的适应值，选择其中最佳个体作为"教师"，同时对其他个体即"学生"进行教学。当迭代次数为 g 时，X_{teacher}^g 表示当前种群中的"教师"个体，M^g 为个体的设计变量均值，"学生"根据下式进行学习提升：

$$X\text{new}_i^g = X\text{old}_i^g + \text{rand} \times (X_{\text{teacher}}^g - T_F \times M^g) \tag{10-2}$$

其中，$X\text{old}_i^g$ 和 $X\text{new}_i^g$ 分别表示第 i 个学生学习前和学习后的值，T_F 表示学习因子，一般在 1 或 2 中随机选择。

（3）互学阶段。在互学阶段，各个学生成员通过互相之间的学习提高个体适应值。在教学阶段，对于随机的学生 X_i，选择另一不同学生 $X_h\ (h \neq i)$，分析两者成绩差距，同时进行调整。

$$X\text{new}_i^g = X\text{old}_i^g + \text{rand} \times \left| X_h^g - X_i^g \right| \tag{10-3}$$

10.2.2　TLBO 算法自信度权重的改进设计

在 TLBO 算法中，学生群体在教学阶段与互学阶段有两次更新自己学习成绩的机会，但是在更新自身学习成绩时，采用对自身原有知识完全保留的方式，在原有成绩的基础上，以与教师或同学的差距乘以学习因子进行学习提升。但是在实际的教学过程中，学生对自身原有知识存在一定的误解与偏差，自身知识掌握的自信程度并非百分之百，因此在学习过程中对原有知识也会有一定的修正。

传统的 TLBO 算法在教学过程中对学生群体自身学习知识完全保留，这样的设计使该算法在搜索多极点的优化函数时容易陷入局部最优解而不容易跳出，从而收敛得到最优解。在改进的 TLBO 算法中，设计自信度 $w(w<1)$ 对学生的自身知识采用部分保留的策略，使得在教学与互学阶段学生的知识得到较大程度的更新与替换，加强学生群体知识的多样化，使得算法能够比较容易地跳出局部最优的限制。同时，考虑在教学与互学阶段中学生知识的更替程度有所不同，两个阶段的知识自信度权重也有所区别，教学阶段的知识自信度权重为 w_1，互学阶段的知识自信度权重为 w_2。一般情况下，自信度权重取经验常数 $w_1=0.1$，$w_2=0.5$。经过改进后，教学阶段的学生成绩更新表达式为：

$$Xnew_i^g = w_1 \times Xold_i^g + rand \times (X_{teacher}^g - T_F \times M^g) \tag{10-4}$$

互学阶段学生成绩更新的表达式为：

$$Xnew_i^g = w_2 \times Xold_i^g + rand \times \left| X_h^g - X_i^g \right| \tag{10-5}$$

10.2.3 TLBO 算法动态调整教学因子的设计

在标准 TLBO 算法计算过程中，教学因子 T_F 大小的变化至关重要，其取值将影响索引迭代的速率及精度。通常情况下，教学因子的取值由系统随机选取 1 或者 2。在优化迭代的计算过程中，若 T_F 较小，优化过程收敛速度将放缓，其搜索更加精细。若 T_F 取值较大，优化过程收敛速度将加快，但算法将有可能早熟。对 T_F 的取值，Rao 等进行了探讨与改进，并对 TLBO 算法进行了优化；Niknam 等人将教学因子的取值与当前学生成员平均成绩及教师水平相关联，将其表征为第 i 次迭代时学生成绩均值与教师水平的比值，即 $T_F = M_i / T_i$；本节采取了一种自适应教学因子计算方法，教学因子可表示为：

$$T_F = T_{F\min} + abs\left(\frac{f(M_i) - f(M_{opt,i})}{f(M_i)} \right) \tag{10-6}$$

其中，$M_{opt,i}$ 表示在 i 次迭代经过教学与互学优化后，学生的平均成绩；$T_{F\min} = 1$，当 $f(M_i)$ 为 0 时，T_F 取 1，这样的教学因子取值搜索初始阶段的收敛速率较快，而在迭代至一定次数后，搜索更为精细。

10.2.4 算法数值算例及对比

选用两种典型的数值函数对基本的 TLBO 算法及改进后的 TLBO 算法进行测试对比，验证改进的有效性。Griewank 函数是一种典型的非线性多模态函数，该函数的搜索空间比较庞大，拥有许多局部极小值，一般情况下该函数被认为是优化算法较难处理的复杂多模态问题。Rastrigrin 函数类似于 Griewank 函数，也是一类非线性多模态函数，该函数同样拥有多个局部极值，在整个搜索空间极小点起伏不定跳跃性地出现，因此采用优化算法很难搜索到其全局最小值。Griewank 函数的表达式为：

$$f(x) = \frac{1}{4000} \sum_1^n x_i^2 - \prod_{i=1}^n \cos\left(\frac{x_i}{\sqrt{i}} \right) + 1 \tag{10-7}$$

其中，$-600 \leqslant x_i \leqslant 600 (i=1,2,...,n)$。Rastrigrin 函数的表达式为：

$$f(x) = \sum_{i=1}^{n} [x_i^2 - 10\cos(2\pi x_i) + 10] \tag{10-8}$$

其中，$-5.12 \leqslant x_i \leqslant 5.12 (i=1,2,...,n)$。两函数的函数图像如图 10.1 所示。

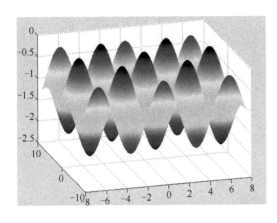

（a）Griewank 函数

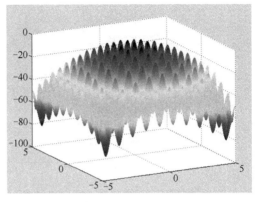

（b）Rastrigrin 函数

图 10.1　测试函数图像

　　将基本 TLBO 算法与改进后的 TLBO 算法分别用于测试函数的寻优，算法的初始参数设置为：函数维数为 30 维，算法种群规模为 10，最大迭代次数为 100，教学因子最大值为 2，最小值为 1。算法的寻优收敛过程如图 10.2 所示，在 Rastrigrin 函数的收敛过程寻优的绘图中，纵坐标采用对数坐标，以便适应值较低时的迭代过程能被更好地展示。基本 TLBO 算法与改进 TLBO 算法在迭代一定次数后均可以收敛至全局最优值，但从两个测试算例中可以看出，相对基本 TLBO 算法而言，改进 TLBO 算法在收敛速度上拥有明显优势，基本 TLBO 算法在迭代至 80 代时适应度达到了较小值，但却没有收敛至最优，直至迭代至 90 多代才收敛至全局最优，而改进 TLBO 算法在不到 20 代就已收敛至全局最优。测试结果证明，改进 TLBO 算法更容易跳出局部最优，在高维度、仿真计算复杂的支承结构拓扑优化的计算方面，其算法效率大大提高。

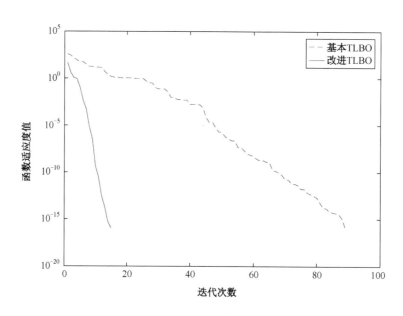

（a）Griewank 函数寻优

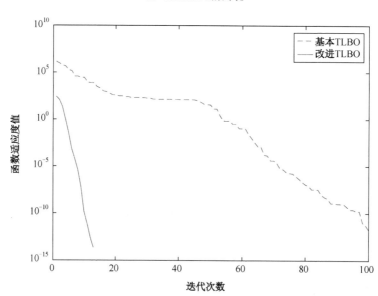

（b）Rastrigrin 函数寻优

图 10.2　收敛过程对比图

10.3　产品结构拓扑优化数学模型

10.3.1　拓扑优化问题变量描述

板系支承结构为受力支撑结构，其设计需要有足够的刚度以满足承载需求，同时也需要寻求其最轻结构。采用基结构法，在支承件板系结构的基结构后，引入拓扑变量 $r = [r_1, r_2, ..., r_n]^T$，板厚变量 $t = [t_1, t_2, ..., t_n]^T$，$r_i \in \{0,1\}$，拓扑变量表征板是否存在，拓扑变量取 0 时，板厚变量同时取 0，通过同时考虑两种变量，解决拓扑优化中拓扑变量与板厚变量的耦合性，板系结构总质量可以表示为：

$$W = \sum_{i=1}^{n} r_i A_i t_i \rho \qquad (10\text{-}9)$$

其中，ρ 为材料密度，r_i 为板的拓扑变量，A_i 为板的面积，t_i 为板的厚度，n 为板的数量。

结构承载性能的大小可以采用结构总体应变能来表征。当承载载荷一定时，结构的应变能越小，表征结构柔度越小，即结构刚度越大。给定承载载荷和约束边界条件给定后，结构应变能如式所示：

$$E = \int_{\Omega} \sigma^T \varepsilon d\Omega = d^T k d \qquad (10\text{-}10)$$

其中，d 为载荷 F 作用产生的结构位移矩阵，k 为结构刚度矩阵。

10.3.2　拓扑优化数学模型与约束处理

板系支承结构的拓扑优化设计采用基础结构法，以板厚为设计变量，以板系质量最小化为目标。针对其拓扑优化问题，采用同时考虑截面变量与拓扑变量的混合变量拓扑优化模型。所求设计变量为拓扑变量 $r = [r_1, r_2, ..., r_n]^T$，板厚变量 $t = [t_1, t_2, ..., t_n]^T$。

$$\min \quad f(t) = E$$

$$\text{s.t.} \quad \sigma_j \leqslant [\sigma] \quad j = 1, 2, ..., m$$

$$W \leqslant W_0$$

$$t_w \in T_w \qquad\qquad w = 1, 2, ..., n_1$$

$$t_v \in T_v \qquad\qquad v = 1, 2, ..., n_2 \qquad\qquad (10\text{-}11)$$

$$n_1 + n_2 = n$$

$$r_i = \begin{cases} 1 & t_i > 0 \\ 0 & t_i = 0 \end{cases} \qquad i = 1, 2, ..., n$$

$$r_w = 1 \qquad w = 1, 2, ..., n_1$$

$$r_v \in \{0, 1\} \qquad v = 1, 2, ..., n_2$$

其中，E 为结构目标应变能，W 为结构当前质量，W_0 为结构整体质量约束。$[\sigma]$ 为许用应力约束，t_w 为不允许删除板的板厚，t_v 为允许删除板的板厚，n 为进行拓扑优化的板总数，r_w 为不允许删除的板拓扑变量，r_v 为允许删除的板拓扑变量。

在上述拓扑优化模型中，约束条件分为应力约束和结构质量约束，应力约束指结构指定点处应力不大于材料许用应力；质量约束指结构整体质量不超过指定值。

对于板系支承结构拓扑优化中拓扑变量为离散值的问题，在迭代学习时将其视为[0,1]的连续变量，在计算目标函数值及约束时，对其进行暂时圆整处理；对于最终计算获取的拓扑变量，在结果表达时对其进行圆整处理。这样的处理方式保证了拓扑变量学习进化的随机性。

标准 TLBO 算法中无法对工程问题中的约束问题进行处理，因此引入罚函数将约束问题转化为无约束问题，然后进行求解，罚函数的一般形式可表示为：

$$\phi(x) = f(x) + p(x) \qquad\qquad (10\text{-}12)$$

其中，$\phi(x)$ 为增加惩罚项的综合目标函数，$p(x)$ 即为惩罚项，其表达式为：

$$p(x) = \sum_{i=1}^{m} r_i \cdot \max(0, g_i(x))^2 + \sum_{j=1}^{p} c_j \cdot \left| h_j(x) \right| \qquad\qquad (10\text{-}13)$$

其中，r_i、c_j 为惩罚因子，$g_i(x)$、$h_j(x)$ 分别为不等式约束条件和等式约束条件。

10.4 不确定性拓扑优化模型建立与求解

10.4.1 可靠性拓扑优化模型构建

液压机板系支承结构的可靠性拓扑优化中涉及的参数分为确定性参数和不确定性参数，确定性参数与优化目标函数、约束条件等共同组成优化数学模型。

对于液压机支承件板系结构拓扑优化中涉及的材料力学参数，外部载荷大小不确定性变量，本节以概率模型对其进行描述，以研究其随机不确定性。将不确定性参数转化为符合一定概率分布如正态分布、指数分布的随机变量进行表征，然后据此求出结构响应的概率分布。因此，对于其可靠性拓扑优化的数学模型，可进行如下描述：

$$
\begin{cases}
\text{find} : \boldsymbol{t}, \boldsymbol{r} \\
\min : f(\boldsymbol{t}, \boldsymbol{r}) \\
\text{s.t.} : \Pr[G_i(\boldsymbol{t}, \boldsymbol{r}, \boldsymbol{y}) \leqslant 0] \leqslant P_{f_i}^T \quad i = 1, \dots, m \\
h_j(\boldsymbol{t}, \boldsymbol{r}) \leqslant 0 \quad\quad\quad\quad\quad\ j = 1, \dots, n \\
t_{\min} \leqslant t \leqslant t_{\max} \\
\boldsymbol{y} = [E, F]
\end{cases}
\tag{10-14}
$$

其中，$\boldsymbol{t}$ 为设计变量向量；$\boldsymbol{y}$ 为随机变量向量，考虑结构的材料弹性模量 E、外部载荷大小 F 的不确定性；$f(\boldsymbol{t}, \boldsymbol{r})$ 为目标函数。$\Pr[G_i(\boldsymbol{t}, \boldsymbol{r}) \leqslant 0]$ 表征结构失效概率，$P_{f_i}^T$ 为许用失效概率，$h_j(\boldsymbol{t}, \boldsymbol{r})$ 为结构的其他约束条件。结构的可靠性拓扑优化也即在满足失效概率小于许用失效概率的条件下，完成结构的优化设计。然而，在优化计算过程中，失效概率的准确计算需要给出不确定参数的概率密度分布及准确的功能函数。在实际工程中，不确定参数的概率分布一般只能近似确定。因此，在板系结构的可靠性拓扑优化过程中，可将失效概率转化为可靠性指标约束进行表达：

$$
P_{f_i} \leqslant P_{f_i}^T \Rightarrow \beta_i \geqslant \beta_i^T
\tag{10-15}
$$

其中，β_i 为结构第 i 个极限状态的可靠度指标，β_i^T 为其相应的目标可靠度指标，其中：

$$
\beta_i^T = -\Phi^{-1}(p_{f_i}^T)
\tag{10-16}
$$

考虑不确定性条件下支承件板系结构的可靠性拓扑优化设计，传统意义上的可靠性优化设计包含拓扑优化迭代过程与可靠性分析过程，两部分互相嵌套，导致求解过程变得复杂。为了使求解过程简便，可采用解耦法将可靠性拓扑优化过程拆分为可靠性分析与确定性拓扑优化两部分。基于一次可靠度法中可靠度指标的几何意义，求取可靠度指标所对应的设计点 P^*；求取功能函数对随机变量的灵敏度信息，并基于灵敏度信息对不确定参数进行修正，使其成为确定参数，最后基于所得的确定性参数进行确定性拓扑优化设计。

对于一个给定的失效情形，结合可靠度指标的几何意义，可靠度指标 β 可以采取如下关于随机变量的优化模型进行求解：

$$\begin{cases} \beta = \min \mu = \sqrt{\sum \mu_j^2} \\ s.t. \beta \geqslant \beta^T \end{cases} \tag{10-17}$$

其中，μ 为正态化随机变量。在求解过程中，结构可靠度指标对于正态随机变量的灵敏度可以进行以下求解：

$$\frac{\partial \beta}{\partial u_i} = \frac{1}{2}\left(\sum \mu_j^2\right)^{-1/2} \cdot 2\mu_j = \frac{\mu_j}{\beta(\mu)} \tag{10-18}$$

求解获取最优解也即给定失效情形的最可能失效点 μ^*，运用 μ^* 即可对模型的随机参数进行修正，使其成为确定性参数，修正过程可表示为：

$$y_i = \begin{cases} \eta_{y_i} + \mu_i \sigma_{y_i} & \text{if } \frac{\partial f}{\partial \eta_{y_i}} \geqslant 0 \\ \eta_{y_i} - \mu_i \sigma_{y_i} & \text{if } \frac{\partial f}{\partial \eta_{y_i}} < 0 \end{cases} \tag{10-19}$$

其中，η_{y_i}、σ_{y_i} 表征不确定参数 y_i 的均值与标准差。对于式（10-19）中目标函数对于不确定参数的灵敏度可采用有限差分法进行计算：

$$\frac{\partial f}{\partial \eta_{y_i}} = \frac{\Delta f}{\Delta \eta_{y_i}} = \frac{f(\eta_{x_i} + \Delta \eta_{x_i}) - f(\eta_{x_i})}{\Delta \eta_{y_i}} \tag{10-20}$$

完成不确定参数的修正后，可将板系结构的可靠性拓扑优化问题转化为等价的确定性拓扑优化问题：

$$\begin{cases} \text{given}: \boldsymbol{y} = [E, F] \\ \text{find}: \boldsymbol{t}, \boldsymbol{r} \\ \min: f(\boldsymbol{t}, \boldsymbol{r}) \\ \text{s.t.}: G_i(\boldsymbol{t}, \boldsymbol{r}) \leqslant 0 \qquad i = 1, \dots, m \\ h_j(\boldsymbol{t}, \boldsymbol{r}) \leqslant 0 \qquad j = 1, \dots, n \\ t_{\min} \leqslant t \leqslant t_{\max} \end{cases} \tag{10-21}$$

采用解耦法进行可靠性拓扑优化计算忽略了功能函数的影响，但这样做有效提升了计算效率，便于与启发式方法进行结合，以完成优化计算。

10.4.2 可靠性拓扑优化模型求解流程

针对液压机支承件板系结构进行可靠性拓扑优化设计，基于一系列不确定参数情形下的优化计算使所得结构更能真实地反映工程实际。可靠性拓扑优化基于第 2 章中 SVR 代理模型的建立，在代理模型的基础上简化计算量，使可靠性拓扑优化的求解计算时间大为缩减，具体的求解步骤如下。

步骤 1：选择对结构约束影响较大的随机变量，将随机变量正则化，并依据式（10-20）分别计算每个随机变量对于约束条件的灵敏度。

步骤 2：依据式（10-17）计算当前步骤的结构可靠度指标，并判断是否达到规定可靠度指标，若未达到，返回步骤 1 循环。

步骤 3：依据式（10-19）进行随机变量的修正，并以修正后的随机变量作为结构的确定性参数，初始化支承结构基结构的各类参数。设置算法参数，初始化 TLBO 优化算法中的学生种群。

步骤 4：计算初始学生种群的平均成绩，即板厚变量与拓扑变量的平均值，计算每个学生个体的适应度，定义最优个体并将其作为教师。

步骤 5：教学阶段，依据式（10-2）更新每个学生的个体知识，即更新个体的板厚及拓扑变量，并对其适应度进行评价，当其成绩更优时接受该更新。

步骤 6：互学阶段，随机选择不同个体互学，更新个体知识，并对其适应度进行评价，成绩更优时接受该更新。

步骤 7：收敛判断，当班级学生成绩差值小于指定值或迭代达到一定步骤时，结束优化程序，输出班级中成绩最好的学生个体，该学生个体的知识即为其拓扑变量及板厚变量为最优结果。若未收敛，返回步骤 4 循环。

可靠性拓扑优化流程图如图 10.3 所示。

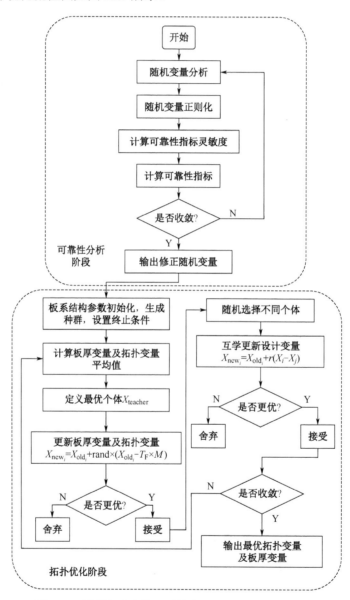

图 10.3　液压机支承件板系结构可靠性拓扑优化流程图

10.4.3 稳健性拓扑优化模型构建

支承结构的稳健性拓扑优化会着重考虑支承结构目标函数的最优性能与波动状况，传统的确定性拓扑优化仅以结构的目标性能最优作为优化对象，但当设计参数存在一定的波动性，结构的目标性能也会发生较大的变化，这样的变化使确定性拓扑优化所设计出的最优结构在一定的不确定性情况下变得不再最优。对于支承结构的拓扑优化设计，采用稳健性拓扑优化模型，在载荷、材料属性的不确定性情况下，使目标性能较优且波动幅度收窄，支承结构稳健可靠。

当支承结构的设计参数的不确定性采用随机概率描述时，其性能函数同样满足一定的概率分布，基于代理模型，采用数值积分方法计算性能函数的概率统计分布特征，将性能函数的期望与方差进行加权组合即为稳健性拓扑优化的目标函数，支承结构的稳健性拓扑优化数学模型可表示为：

$$\begin{cases} \text{find}: \boldsymbol{t}, \boldsymbol{r} \\ \min: \mu_f(\boldsymbol{t},\boldsymbol{r}) + k\sigma_f(\boldsymbol{t},\boldsymbol{r}) \\ \text{s.t.}: G_i(\boldsymbol{t},\boldsymbol{r}) \leqslant 0 \qquad i=1,...,m \\ h_j(\boldsymbol{t},\boldsymbol{r}) \leqslant 0 \qquad\quad j=1,...,n \\ t_{\min} \leqslant t \leqslant t_{\max} \end{cases} \tag{10-22}$$

其中，$\boldsymbol{t}$ 为设计变量向量，$\boldsymbol{r}$ 为拓扑变量；$\mu_f(\boldsymbol{t},\boldsymbol{r})$ 为性能函数的期望值，$\sigma_f(\boldsymbol{t},\boldsymbol{r})$ 为性能函数的标准差，k 为设计常数，通常定为 3。$G_i(\boldsymbol{t},\boldsymbol{r})$ 为结构约束失效条件，$h_j(\boldsymbol{t})$ 为结构其他约束条件。

10.4.4 稳健性拓扑优化模型求解流程

支承结构的稳健性拓扑优化基于 SVR 代理模型的构建，采用 TLBO 算法进行求解，在计算性能函数的期望与标准差时，采用第 2 章中的 MCS 方法进行近似计算。传统稳健性拓扑优化过程中需要针对结构进行重复仿真以获取其目标函数统计矩信息，而采用近似模型的方法则极大地简化了计算过程，使其在工程实际中更有可行性。稳健性拓扑优化的求解步骤如下。

步骤 1：建立包含不确定参数的支承结构 SVR 代理模型，初始化支承结构基结构的各类参数。设置算法参数，初始化 TLBO 优化算法中的学生种群。

步骤 2：计算初始学生种群的平均成绩，也即板厚变量与拓扑变量的平均值，依据代理模型获取包含随机变量的每个学生个体的性能函数解析表达式。

步骤 3：采用蒙特卡洛随机采样方法，基于步骤 2 获取的性能函数表达式计算每个学生个体成绩期望 $\mu_f(t,r)$ 与成绩标准差 $\sigma_f(t,r)$，其加权组合定义为学生个体的适应度，定义适应度最优个体并将其作为教师。

步骤 4：教学阶段，依据式（10-2）更新每个学生的个体知识，即更新个体的板厚及拓扑变量，并对其适应度进行评价，当其成绩更优时接受该更新。

步骤 5：互学阶段，随机选择不同个体互学，更新个体知识，并对其适应度进行评价，成绩更优时接受该更新。

步骤 6：收敛判断，当班级学生成绩差值小于指定值或迭代达到一定步骤时，结束优化程序，输出班级中成绩最好的学生个体，该学生个体的知识即其拓扑变量及板厚变量为最优结果。若未收敛，返回步骤 2 循环。

上述步骤中每一步中个体的适应度计算均依照步骤 2 和步骤 3 中的方法进行计算。支承结构稳健性拓扑优化流程图如图 10-4 所示。

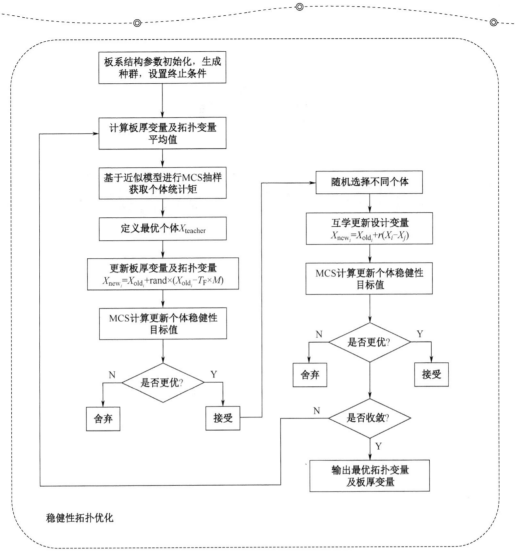

图 10.4　稳健性拓扑优化流程图

第11章

产品多领域异构设计数据集成技术

11.1 引言

随着信息技术的不断发展，驱动复杂机电产品设计的使能性能知识覆盖了现代企业生产经营的所有活动和产品全生命周期的各个环节。为了达到将使能性能知识集成起来共同驱动复杂机电产品设计的目的，实现使机电产品设计人员方便获取不同部门业务系统之间的机电产品使能性能知识，跨越企业部门和各个数据系统之间的边界限制，急需一种开放、可靠、标准化和可重用的集成工具与技术，将种类多样、获取广泛、结构复杂的使能性能知识集成在一起，从而使机电产品的使能性能知识在设计的过程中得到充分的利用，更快地获得更准确的设计结果。

性能驱动复杂机电产品设计的使能性能知识无疑是影响机电产品设计结果的重要因素。在现代信息社会，机电产品设计越来越复杂，主要体现在以下几方面：

（1）使能性能知识的类型越来越多样（多学科）；

（2）使能性能知识的获取越来越广泛（多来源）；

（3）使能性能知识的数据结构越来越复杂（多系统）。

驱动复杂机电产品设计的使能性能知识不再是单一的、独特的，而是一个混合体，如图 11.1 所示。因此，如何将这些种类多样、来源广泛、结构复杂的使能性能知识集成在一起，共同驱动机电产品设计，是完成性能驱动复杂机电产品设计必须解决的重要问题之一。

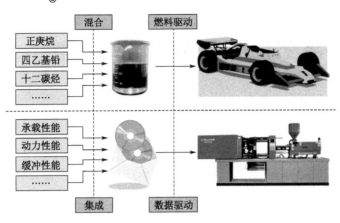

图 11.1　使能性能知识集成示意图

20 世纪 90 年代开始，国内外专家学者从不同角度对多领域数据的集成技术与方式展开了研究与探讨，形成了具有不同理念的数据集成实现方法。电子数据接口技术（Electric Data Interface，EDI）通过电子表单采用统一的格式表示数据，实现独立开发的多领域数据相关系统对表单数据的共享与集成；可扩展标记语言（Extensible Markup Language，XML）通过自行设计的有意义标记，实现多领域数据 Web 应用之间的数据交换和集成；产品数据交换标准技术（Standard Exchange of Product Data Model，STEP）实现了产品数据在 CAM 和 CNC 系统之间的数据集成和共享；产品数据交换与集成标准（Product Data Model Language，PDML）是在 XML 和 STEP 基础上，实现了多领域数据 CAD 系统间的数据集成。目前，这些方法仍然对机电产品多领域使能性能知识数据集成具有一定的指导意义。但在性能驱动的复杂机电产品设计过程中，需要进行集成的系统类型更加广泛，使能性能知识集成的程度要求越来越高，使能性能知识集成的开发周期需求越来越短，EDI、XML、STEP 和 PDML 等技术存在的弊端与局限性在性能驱动复杂机电产品设计的过程中逐渐显现。

因此，本章通过对性能驱动复杂机电产品设计过程使能性能知识多领域数据集成需求进行分析，探讨了性能驱动复杂机电产品设计过程中数据集成组件接口技术，建立统一的集成系统模型，给出了适应性能驱动产品设计过程使能性能知识集成的性能数据应用程序接口（Performance Data Application Program Interface，PDAPI）的体系结构、设计实现和访问方法，用来解决使能性能知识多领域数据集成的问题。

11.2 产品设计使能性能知识集成需求

11.2.1 使能性能知识多领域数据表现形式

在企业生产经营的所有活动过程中和产品全生命周期的各个环节，都积累了大量的驱动复杂机电产品设计的使能性能知识数据。性能驱动复杂机电产品设计过程中涉及的各个系统或数据来源，不仅使能性能知识数据的格式和存储方式不尽相同（从简单的文件系统到复杂的网络数据库），而且使能性能知识数据的管理和使用系统也不尽相同（从各种计算机辅助系统，产品数据管理系统到企业资源计划系统），于是在性能驱动复杂机电产品设计过程中形成了众多数据系统，图 11.2 所示为性能驱动复杂机电产品设计过程涉及的多数据系统及相关使能性能知识来源的集成视图。

虽然性能驱动复杂机电产品设计过程中涉及的各种数据系统或数据来源在各自领域都能正常的工作，但这些多领域数据信息相对独立，不能够实现数据交换与传递，这成为有效驱动复杂机电产品设计进一步发展的瓶颈。因此多领域数据集成已经成为实现性能驱动复杂机电产品设计方法的先决条件之一。性能驱动复杂机电产品设计方法和理论的特点决定了使能性能知识多领域数据集成应满足可靠性、开放性、标准化及可重用的需求。

性能驱动复杂机电产品设计过程中数据的多领域性是由使能性能知识的多学科、多来源和多系统的特点决定的，使能性能知识的多领域主要表现在以下几个方面。

（1）性能驱动复杂机电产品设计过程中使能性能知识所在计算机体系结构呈现多样性。计算机辅助设计实现是现代设计的流行趋势，性能驱动复杂机电产品设计由于需要处理的数据量较大，同样需要计算机的辅助实现，因此在产品设计过程中涉及的各系统需求的计算机体系结构不同，环境中可能存在大型机、小型机、工作站、个人电脑或嵌入式系统等。

（2）性能驱动复杂机电产品设计过程中使能性能知识所在计算机操作系统的多样。使能性能知识的获取渠道多种多样的，获取的手段也不尽相同，因此在使能性能知识获取的过程中所应用系统的基础操作系统不同，环境中可能同时存在 Unix、Windows NT、Linux 等操作系统。

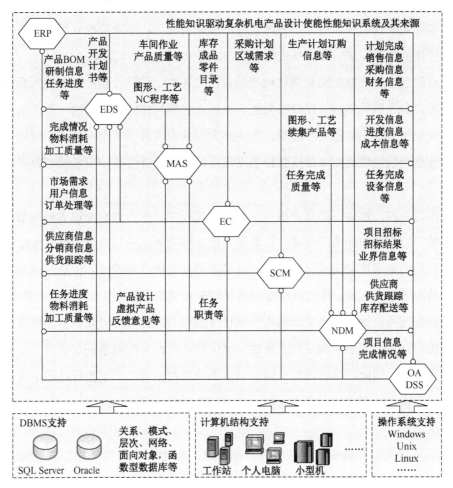

图 11.2　使能性能知识多数据系统及来源集成视图

（3）性能驱动复杂机电产品设计过程中使能性能知识所在系统 DMBS 的多样。使能性能知识存储各系统的 DMBS 不同，环境中可能是同为关系型数据库系统的 Oracle、SQL Server 等，也可能是不同数据模型的数据库，如关系、模式、层次、网络、面向对象和函数型数据库等。

11.2.2　使能性能知识多领域数据集成约束

尽管使能性能知识多领域数据的表现形式多种多样，为了更好地实现性能驱动复杂机电产品设计全过程，充分利用使能性能知识，提高性能驱动复杂机电产品设计的效率和准确性，在实现使能性能知识所在多领域数据集成的前提下，不影响独立系统的正常运行和操作，使能性能知识多领域数据集成的实现技术需要满足以下约束。

（1）自我包容。性能驱动复杂机电产品设计过程中，使能性能知识多领域数据所在系统的集成接口应当可独立进行接口的配置，以单元化模块化的形式构建，各个集成接口相互分离，使能性能知识数据互不影响，不应当因为其中来源于某个系统使能性能知识数据的错误导致整个使能性能知识集成数据出现错误，满足使能性能知识多领域数据集成的可靠性需求。

（2）沟通协作。性能驱动复杂机电产品设计过程中，使能性能知识多领域数据所在系统的集成接口应强调与环境的分离，尽量避免使能性能知识多领域数据集成接口的相互制约，但可以尽力集成接口间的协作条件，也可以根据机电产品设计为使能性能知识的需求提供良好的沟通协作方式，使能性能知识所在的多领域数据集成接口具有良好的开放性。

（3）复合使用。性能驱动复杂机电产品设计过程中，使能性能知识多领域数据所在系统的集成接口技术的体系结构应当在集成环境中便于在绝大部分系统集成时使用并实现，具有普遍适应性。因此，需要使能性能知识多领域数据集成接口在实现过程中满足并具有清楚的接口实现规范和机制，提高使能性能知识数据集成接口的适用性，满足集成接口的标准化需求。

（4）不可持续。性能驱动复杂机电产品设计过程中，使能性能知识多领域数据所在系统的集成接口不应当有个体特有的属性，还需要有接口使用的状态标识。使能性能知识集成接口的状态可以实时反馈，在使用完毕之后应及时中断对相关集成接口的占用，并且不应当与使能性能知识集成接口自身的副本有区别或不同，应满足集成接口的可重用需求。

11.3　使能性能知识多领域数据接口

11.3.1　使能性能知识多领域数据组件接口语义描述

系统组件接口技术是软件系统内可标识的，符合一定标准要求的构成成分，它类似机械工业中的"键"。系统组件接口可以提供一组可靠的、开放的、标准的及可重用的系统集成接口模块。利用组件接口技术可以有效实现性能驱动复杂机电产品设计过程中使能性能知识多领域数据所在系统的集成。

性能驱动复杂机电产品设计过程中，使能性能知识多领域数据所在系统的集成接口可以被看作一个基本的、独立的数据计算和数据处理单元，具有特定的内部状态，并且提供了一组操作对这个状态进行读写，以便达到使能性能知识多领域数据集成的目的。

为了满足性能驱动复杂机电产品设计过程中使能性能知识多领域数据所在系统集成接口的集成约束，需要对组件结构进行规范的语义描述。

性能驱动复杂机电产品设计过程中使能性能知识多领域数据所在系统集成接口的描述包括入口、解析和执行三个部分。采用"0 阶描述"突出组件接口的语义特征。

性能驱动复杂机电产品设计过程中，使能性能知识多领域数据所在系统集成接口的执行对技术人员通常是不可见的。由集成接口的入口和解析提供组件接口外部视图的抽象描述，组件集成接口的入口和解析是进行使能性能知识多领域数据集成的唯一依据。使能性能知识集成接口的具体语义描述如下所述。

（1）入口：描述在性能驱动复杂机电产品设计过程中使能性能知识多领域数据所在系统间调用某一个操作。

通过入口可获得使能性能知识集成操作的名字和类型。组件集成接口中所有的读写操作的名字，读、写操作名字集合的交集必需为空。在性能驱动复杂机电产品设计过程中使能性能知识多领域数据所在系统集成接口之间应当建立"精炼"关系。抽象类型 ID 入口语义可被描述为：

```
TYPE
    ID,
    Interface*::
        R: Name-set
        W: Name-set,
    Interface={|n: Interface*⊙D(n) ∩W(n)=Φ|}


VALUE
    MP: Interface Interface→Boolean
    MP(n1,n2)≡R(n1) R(n2) ∧W(n1) W(n2)
```

（2）解析：描述性能驱动复杂机电产品设计过程中使能性能知识多领域数据所在系统间集成操作特性的确定。

通过解析可获得使能性能知识集成操作的特性。使能性能知识集成操作的特性有：

真值——realvalue；

原子名——atom(n)；

反属性——rev(p)；

合属性——con(p1,p2)；

暗指属性——allu(p1,p2)。

一个解析包含一个初始特性和一组对应每一个写操作的特性对，解析中的所有特性都是建立在该使能性能知识集成组件接口的读操作的基础上。抽象类型 RESOLUTION 解析语义可被描述为：

```
TYPE
    RESOLUTION::
        Define: Character-set
        Exp: Name→Character Character,

VALUE
{
    Characters: RESOLUTION→Character-set
    Interface: RESOLUTION→Interface
}
    Interface(s) as n of W(n)=Exp(p)∧R(n)= {i|i:Name⊙ c:Character⊙c∈
Characters(p)∧i∈Name(c)}
```

（3）执行：描述性能驱动复杂机电产品设计过程中使能性能知识多领域数据所在系统集成的过程。

通过执行可以获得性能驱动复杂机电产品设计过程中使能性能知识多领域数据所在系统集成的结果。一个执行包括对使能性能知识集成读写操作的定义、操作结果反馈及对应组件集成接口的入口和解析。其中，组件接口、读操作和写操作的名字交集必须为空，读操作的实现建立在组件接口及其读操作名字的基础上，写操作的实现建立在组件接口及其写操作名字的基础上。抽象类型 PERFORM 执行语义可被描述为：

```
TYPE
PERFORM*::
```

```
{
        R: Name→Character
        W: Name→Program
        S: Name→RESOLUTION,
        }
    PERFORM={|n: PERFORM*⊙isw(n)|}

VALUE
    Isw: PERFORM*→Boolean
    Isw(n)≡S(n)∩R(n)∩W(n)=Φ
And
{
s,s1,s2: Name⊙(s∈R(n)∧(s1,s2)∈Name(R(n)(s) →s1∈S(n)∧s2∈
R(Interface(S(n)(s1)))
}
And
{
(n∈W(n)∧(s1,s2)∈Name(W(n)(s)→s1∈S(n)∧s2∈R(Interface(S(n)(s1)))
}
And
s2∈Exp(S(n)( s1))))
```

11.3.2　使能性能知识多领域数据组件接口系统模型

实现性能驱动复杂机电产品设计方法，需要一个庞大的使能性能知识数据系统群，这些系统必然需要进行系统间的集成和交互，这些使能性能知识多领域数据可通过组件接口技术进行集成。使能性能知识所在系统的集成操作请求通过相应系统软件的组件集成接口的入口接收指令和需求，通过组件集成接口的解析操作，分别唤醒对应的执行程序来满足性能驱动复杂机电产品设计过程中对使能性能知识集成操作的请求。

使能性能知识多领域数据组件接口可以实现性能驱动的复杂机电产品设计全过程对机电产品使能性能知识的需求，因为符合规范语义描述的组件集成接口技术满足使能性能知识集成的约束条件，主要体现在以下几方面。

（1）由于组件集成接口的入口和解析是进行使能性能知识多领域数据集成的唯一依据，因此组件集成接口应满足自我包容的约束条件。

（2）组件接口技术可以有多个入口，分别接受不同类型使能性能知识数据的集成请求，这样就避免了性能驱动复杂机电产品设计复杂的使能性能知识数据类型带来的集成困难，并且满足了沟通与协作的约束条件。

（3）组件集成接口入口的定义是有一定标准的，具有清楚的定义规范，可以满足复合使用的约束条件。

（4）通过组件接口的解析，可实现产品设计过程中使能性能知识在不同层次的集成，实现使能性能知识的集成变得更加灵活，并且可以满足不可持续的约束条件。

由此可以看出，组件集成接口技术完全可以满足性能驱动的复杂机电产品设计的集成需求。性能驱动复杂机电产品设计过程中，使能性能知识多领域数据所在系统集成组件接口模型如图 11.3 所示。

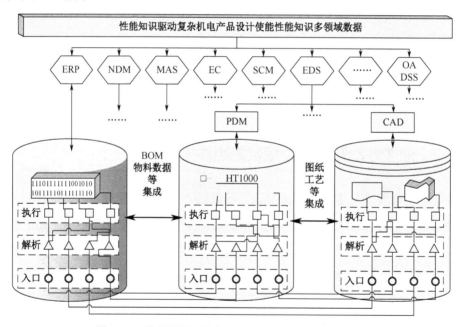

图 11.3 使能性能知识多领域数据集成组件接口模型

11.4 使能性能知识的多领域数据集成

11.4.1 使能性能知识多领域数据组件接口实现

组件 PDAPI 技术基于机电产品使能性能知识对象概念，如性能驱动的复杂机电产品设计过程中需要来自产品数据管理系统中物料相关使能性能知识和客户关系管理系统中的销售订单对使能性能知识的需求就是代表一个或一组使能性能知识的对象。

组件 PDAPI 技术封装了机电产品使能性能知识对象间的底层使能性能知识数据和多领域数据集成的实现过程。为了满足性能驱动复杂机电产品设计所需使能性能知识集成接口的自我包容、沟通协作、复合使用和不可持续的约束条件，机电产品使能性能知识多领域数据集成的组件 PDAPI 实现结构如图 11.4 所示。

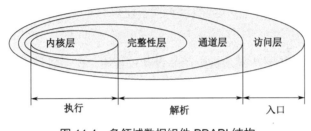

图 11.4　多领域数据组件 PDAPI 结构

（1）访问层。包含机电产品使能性能知识多领域数据集成组件 PDAPI 的一个或多个入口，必须符合标准的命名规范，并且定义允许外部访问使能性能知识对象数据的方式、方法和权限。

（2）通道层。对机电产品使能性能知识多领域数据集成组件 PDAPI 访问层接收的数据进行判断，并且按配置的规则进行解析操作，获得机电产品使能性能知识集成操作的特性或特性集合。

（3）完整性层。对机电产品使能性能知识多领域数据集成组件 PDAPI 解析获得的集成操作特性或特性集合进行正确性验证，判断获得的解析数据是否完备。保持机电产品使能性能知识对象集成操作关于使能性能知识数据的值或值域的强制约束条件。保持数据的完整性，避免使能性能知识数据的丢失。

（4）内核层。通过机电产品使能性能知识多领域数据集成组件 PDAPI 解析获得的集成操作特性或特性集合，唤醒相应的集成操作执行程序，访问底层使能性能知识数据并进行处理，实现系统集成。

性能驱动复杂机电产品设计使能性能知识多领域数据集成组件 PDAPI 设计实现需要使用的主要工具有数据字典、系统功能模块库和使能性能知识对象库。组件 PDAPI 访问层由使能性能知识对象库支持并实现，通道层和完整性层由功能模块库来支撑并实现，内核层则直接面对系统底层数据结构，即数据字典。组件 PDAPI 通常被性能驱动复杂机电产品设计过程中涉及的多领域数据的远程调用模块所实现。

对于性能驱动复杂机电产品设计过程中多领域数据的组件 PDAPI 实现，必须满足如下条件。

（1）事务原则。性能驱动复杂机电产品设计过程中，多领域数据的组件 PDAPI 实现必须满足使能性能知识集成接口实现的约束条件，即自我包容、沟通协作、复合使用和不可持续。

（2）调用形式。性能驱动复杂机电产品设计过程中，在多领域数据的组件 PDAPI 实现过程中，从其他领域数据系统读取数据或交互操作界面时，组件 PDAPI 需同步调用。但是，在一个或多个使能性能知识所在多领域数据间交换数据时，组件 PDAPI 需异步调用。

（3）屏幕输出。性能驱动复杂机电产品设计过程中，多领域数据的组件 PDAPI 实现对组件 PDAPI 自身和所有被组件 PDAPI 调用的使能性能知识所在多领域数据相关系统的功能都必须不产生屏幕的输出。

（4）错误处理。性能驱动复杂机电产品设计过程中，多领域数据相关系统的组件 PDAPI 实现要具备完善的错误处理机制和错误信息反馈体系，出现使能性能知识多领域数据集成错误时不允许自动退出程序的现象发生。

（5）性能优化。性能驱动复杂机电产品设计过程中，多领域数据相关系统的组件 PDAPI 实现需要使用完全的 IF 条件最小化传输的数据，尽量减少对底层使能性能知识数据库的访问，锁的粒度要与使能性能知识对象保持一致。

11.4.2　使能性能知识多领域数据组件接口访问

访问机电产品使能性能知识多领域数据组件 PDAPI 的途径有 3 种方式，分别是 IDOC 文档、SOAP 协议及 JAVA、C#、PowerBuilder 等程序控件，也可以根据具体情况建立的程序模块。具体访问方法如图 11.5 所示。

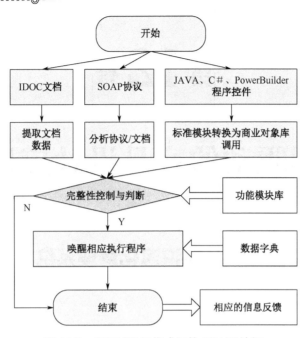

图 11.5　多领域数据集成组件 PDAPI 访问

在性能驱动复杂机电产品设计使能性能知识多领域数据相关系统集成采用组件 PDAPI 技术有如下优点。

（1）方便访问层设定集成标准，容易实现性能驱动复杂机电产品设计使能性能知识多领域数据相关系统集成的标准化。

（2）由于完整性层的存在，使能性能知识多领域数据相关系统集成组件 PDAPI 的稳定性和可靠性提高。

（3）使能性能知识对象库的设计使访问使能性能知识多领域数据相关系统集成组件 PDAPI 与具体的访问技术分离，不限制使用具体的编程技术与数据类型，具有较强的可重用性。

（4）可使用所有支持远程调用协议的开发平台访问，实现使能性能知识多领域数据相关系统的集成，体现了较好的开放性。

（5）内核层完全封装，保证系统底层使能性能知识数据的安全，并实现对底层使能性能知识数据结构的严格保密。

第 12 章

大数据驱动的产品设计应用案例

12.1　电除尘器设计知识演化管理系统

12.1.1　引言

在进行产品设计知识建模与演化理论与方法研究的同时，结合国家自然科学基金项目"基于工程语义的产品设计信息模糊交互建模技术研究"（项目编号：50275133）、国家 863计划项目"基于知识与过程递归的产品创新设计技术"（项目编号：2003AA411320）、浙江省青年科技人才培养基金"大批量定制环境下产品进化设计理论与方法研究"（项目编号：R603240）及浙江省重大科技攻关项目"快速响应客户需求的大批量定制技术研究及其在电除尘器制造业的应用"（项目编号：2003C11014），将研究成果应用于菲达环保有限公司电除尘器等产品的设计开发，促进了企业的技术进步与管理规范，显著提高了企业的综合经济实力、市场竞争力和快速应变能力，取得了良好的效果。

12.1.2　系统的应用背景与实施策略

目前，如何将各种类型的设计知识在产品的设计、生产、制造等关键领域加以合理而高效的运用一直是企业界特别是制造业的关注重点。开发一种集成了设计知识获取、推理与运用的产品设计系统对于提升我国制造业，对于促进我国具有自主知识产权的重大技术装备的自主设计和制造，具有十分重要的理论研究和工程应用意义。浙江省科技厅、绍兴市科技局、诸暨市科技局与浙江菲达环保股份有限公司根据国内外制造业信息化的发展趋势与企业的实际需求，设立了"快速响应客户需求的大批量定制技术研究及其在电除尘器制造业的应用"项目。

菲达环保股份有限公司在企业信息化方面有一定的基础，较早地将计算机技术应用于产品设计和生产管理，建立了企业内部网和企业网站，在设计部门利用 AutoCAD 设计产品及零部件。在工程设计部门、销售部门、强度计算部门、质量检查部门等使用管理信息系统对相应的业务通过计算机进行辅助管理。但是，面对当前多变的市场环境和个性化的客户需求及快速发展的先进制造技术与信息技术等诸多的变化因素，公司在产品设计、流程管理等方面显现出一些不足与弊端，具体表现在以下几方面。

（1）设计知识的有效管理。电除尘器是一种结构非常复杂的大型机械产品，它的设计周期相当长，涉及几十个主要的部件，需要众多设计人员协同工作完成。现有的设计任务一般由设计总负责人进行分配与管理，在设计任务信息的规范化、设计任务分配的自动化及设计知识管理的实时化方面还存在着严重的不足，以至于影响设计工作的顺利进行。

（2）已有产品模型的利用。在电除尘器的设计过程中，经常出现需要对已有的产品模型或者相关的设计信息进行借用与参考的情况。但是，企业没有建立成熟的信息系统支持这一过程，多数情况还只是凭借设计者的经验进行，对原有设计知识的重用没有经过反复的比较与最优化。

（3）产品基础信息的管理。企业对于电除尘器产品涉及的基础信息与数据并未进行规范化工作与系统化管理。尤其是产品的物料信息、图档信息、合同信息和技术文件信息等。

通过详细的调研和分析，将"快速响应客户需求的大批量定制技术研究及其在电除尘器制造业的应用"项目的实施目标确定为引入先进的理念和技术，能够使公司的生产经营迈上新的台阶，实现可持续发展的战略目标。根据电除尘器的产品特点，设计与开发了产品设计知识管理系统。

针对企业的具体情况，在菲达环保科技股份有限公司进行了管理系统实施。以下简要介绍系统集成平台的实施方案。

（1）建立产品设计任务管理系统，该系统具备对客户档案、签署合同、技术文档和设计人员等信息进行获取、记录、管理等功能，并能够通过分析统计工具提取客户需求信息与设计内在要求，建立设计任务层次模型。

（2）建立围绕产品族的产品构造模型，在原有的模块化设计系统的基础上进行扩展，经过"功能－原理－结构"映射构建电除尘器的产品族模型，并建立产品族模型与其他设计信息之间的集成接口。

（3）规范产品设计流程，通过对个性化产品需求和已有设计过程信息进行分析，借助设计流程优化功能，分阶段完善产品设计过程中的设计手段与设计知识运用方式。

（4）规范了产品基础数据，对电除尘器涉及的数千种物料进行了编码，实现了对物料的统一管理。

（5）扩展了对企业图纸、文档等重要资源的版本管理，建立了双轨制的版本管理系统。

（6）建立了产品设计知识模块库，丰富了企业对已有设计知识的管理与利用的方式。

通过实施该管理系统，菲达环保科技股份有限公司分阶段实现了对已有设计知识的规范化，并建立了管理系统对已有设计资源进行充分利用，显著提高了对客户个性化产品需求的响应能力，显著压缩了产品零部件数量和产品设计成本，缩短了产品的交货时间，充分整合和利用了企业已有的各方面的资源，在较低的实施成本基础上取得了良好的实施效益，全面增强了企业的整体竞争力。

12.1.3　系统的体系结构与功能模块

根据产品设计实例的物元描述，对某 200mw 机组电除尘器产品设计实例进行形式化建模和设计知识获取。

1．系统的体系结构

菲达环保科技股份有限公司开发的电除尘器设计知识管理系统由产品设计任务管理、产品模型管理、产品设计流程管理、产品设计资源管理和基础数据维护等五个主要功能模块构成，如图 12.1 所示。

1）产品设计任务管理模块

通过对客户需求信息的获取与分析，同时结合产品设计的内在要求，建立产品的设计任务，并对任务的信息进行维护。设计总负责人可以根据对设计人员已有设计任务的评估，对新的设计任务进行分配与管理。

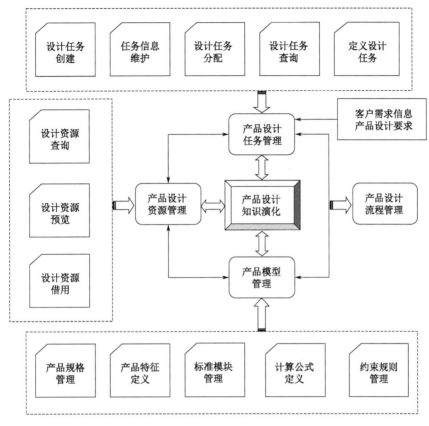

图 12.1　系统的体系结构

2）产品模型管理模块

基于产品的规格特性、部件特性和模块化特征，建立产品模型的设计知识库。实现对产品的功能结构定义、事物特性定义和约束规则定义等，并在标准模块的基础上进行产品模型的拓展。

3）产品设计流程管理模块

根据已有的设计任务及产品详细设计的内在规则，生成产品设计的流程。对于具体的设计流程单元，可以通过设计流程维护与分配进行调整，以适应多变的设计要求。

4）产品设计资源管理模块

基于规范化和标准化，对产品设计相关的图档、技术文档、合同信息及设计过程控制文件等资料进行统一的管理。设计人员可以通过系统对设计资源进行查询与借用。

5）产品基础数据维护模块

根据产品设计的需要，以及对企业生产、制造、采购等后续业务的支持，对产品设计中涉及的基础数据进行维护。通过编码自动生成导向，建立具有唯一性的物料标识，并通过系统进行物料属性的设定。

2. 产品设计任务管理模块

产品设计任务管理模块主要包括设计任务创建、任务信息维护、设计任务分配、设计任务查询和定义设计任务等功能。产品设计任务管理模块对企业产品设计中对电除尘器的设计要求进行分解和重组，并以设计任务的形式进行分配，并通过设计任务查询功能掌握设计人员已有的设计经验及已完成设计任务的基本信息，设计任务的定义方式可以由用户根据设计的需要进行灵活的设计与安排。

1）设计任务创建

设计人员可以根据已获取的需求信息，来进行设计任务的创建。设计任务创建可以从上游自动获取到一些重要信息，包括客户信息、项目信息及负责人等。同时，需要将设计任务的一些其他信息进行录入，包括产品具体的技术属性和供货范围，如图12.2至图12.4所示。

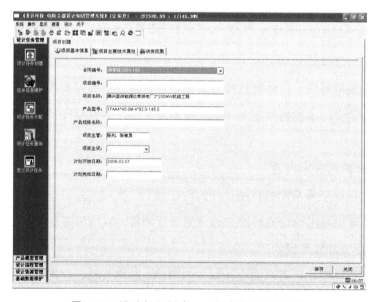

图12.2 设计任务创建——创建产品基本信息

图 12.3　设计任务创建——创建产品技术属性

图 12.4　设计任务创建——创建产品供货范围

2）任务信息维护

任务信息维护帮助设计人员对已经录入的具体信息进行调整和修改，这些信息包括设计任务的具体要求和设计参数等。同时，也可以对一些数值的取值范围进行设定。图 12.5 所示为任务信息维护的操作窗口。

图 12.5　任务信息维护

3）设计任务分配

在录入设计任务的重要信息后，由设计总负责人进行设计任务的分配。主要包括具体的设计部件的设计工作、设计开始时期、设计预计的结束时间，并指定设计人员。图 12.6 所示为设计任务分配的操作窗口。

图 12.6　设计任务分配

4）设计任务查询

具有相应权限的设计总负责人和设计人员可以进行设计任务的查询工作。查询可以针对现有的设计任务，也可以针对已经完成的设计任务，了解设计任务的完成情况和相应的设计信息。图 12.7 所示为设计任务查询的操作窗口。

图 12.7　设计任务查询

3．产品模型管理模块

产品模型管理模块主要包括产品规格管理、产品特征定义及标准模块管理等功能。产品规格管理用于定义描述企业产品系列所需的基本属性，产品特征定义用于在产品语义单元实例化时，对具有计算性质的属性值的来源进行计算，标准模块管理用于形成标准的产品模块库。

1）产品规格管理

产品规格管理记录和维护企业所有产品系列的属性描述，包括型号、产品名称及额定提前期等属性。产品型号是最基本的数据，影响整个配置过程，已经定义过的型号在后续需要选择除尘器型号的地方会自动出现。产品规格管理可以进行的操作包括增加、删除、修改、保存等。同时，产品规格管理支持各种形式的文本输出、打印功能。用户可以通过多种方式查询、自定义查询获取产品规格的相关信息。图12.8 所示为产品规格管理的操作窗口。

图 12.8　产品规格管理

2）产品特征定义

产品特征定义主要包括产品属性定义和功能结构定义两个子模块。

产品属性定义模块对属性的来源进行分类，包含客户订单、计算公式和固定值三类，可从该列的下拉列表框中选取属性值来源类别，属性值来源类别的选择对配置设计过程中属性值的读取产生影响。不同产品属性模块通过不同的特征属性进行区分。在定义产品属性的同时还可以定义属性的取值范围，定义的属性取值范围会影响最终产品模型的特征。图 12.9 所示为产品属性定义的操作窗口。

功能结构定义模块是组成产品模型模块的基本元素，已经定义的功能结构模块可以在产品模型模块中进行选择添加。功能结构定义主要包括以下数据列：（1）功能结构标识：选中某记录的列后手工输入即可，但该列不能为空，也不可重复输入。（2）功能结构名称：功能结构代码相对应的功能结构的名称，选中某记录的列后手工输入即可。（3）模块分类：选中某记录的列后便可从下拉列表框中选择模块类型，模块的类型有专用、厂标、国标三类。（4）是否关键模块：选中某记录的列后便可从下拉列表框中选择此功能结构为关键模块还是非关键模块。图 12.10 所示为功能结构定义的操作窗口。

图 12.9　产品特征定义——产品属性定义

图 12.10　产品特征定义——功能结构定义

3）标准模块管理

对已有典型产品中的模块化部件按一级部件、二级部件进行分解，并将模块化数据保存在数据库中，作为标准设计模块供产品设计借用。标准模块数据是产品模型生成过程中事物特性定义、约束规则管理等模块进行设计知识判断与选择的基本元素。图 12.11 所示为标准模块基本信息的操作窗口，图 12.12 所示为标准模块列表的操作窗口。

图 12.11　标准模块管理——模块基本信息

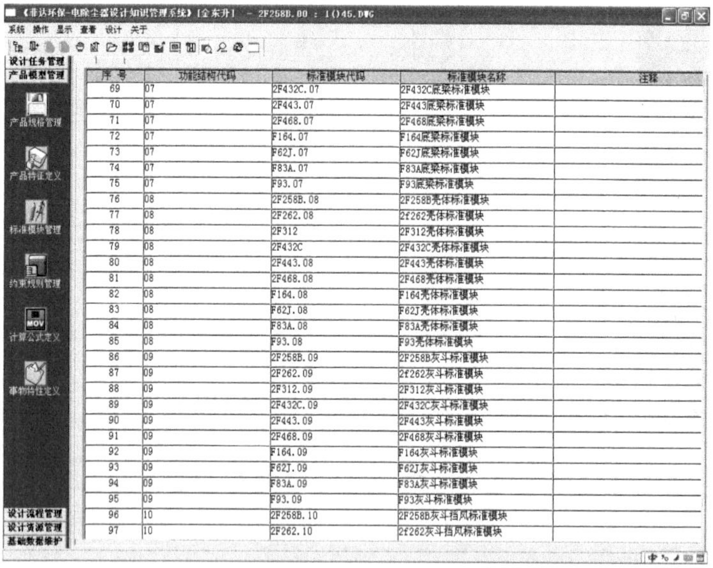

图 12.12　标准模块管理——标准模块列表

4）约束规则管理

规则类型可分为强条件和弱条件，二者的区别在于进行产品模型建立时，先根据强条件进行标准模块的匹配，如没有符合强条件的标准模块，则再按弱条件进行匹配。每一功能模块都可以定义多个约束规则，不同约束规则对应不同的实例，当满足某一约束规则时就选择该规则对应的实例，约束规则的增加只要按照上述方法进行即可。在对功能模块定义了属性后，就可以根据属性来定义约束规则，约束规则使功能模块与实例联系了起来，即在匹配过程中，当满足某约束规则时便选择该约束规则对应的实例，所以约束规则管理模块的数据对产品模型的结果会直接产生影响。图 12.13 所示为约束规则管理的操作窗口。

图 12.13　标准模块管理——约束规则管理

5）计算公式定义

计算公式管理模块为设计人员进行计算公式的编辑和定义提供了工具，可定义的计算公式的类型包括四则运算、三角函数、取整、最大最小等，并允许计算公式之间的递归引用。组成计算公式的计算项选自属性池中的属性。配置过程中通过对计算公式进行解释并获取计算值。计算公式定义会对其他需要引用公式的模块产生影响。如产品属性定义中的来源类别列的下拉列表框中有一个选项是"计算公式"，当用户选中"计算公式"选项后，双击对应的计算公式列会弹出"选择公式"窗口，该窗口中的数据全部来自本模块所定义的计算公式。图 12.14 所示为计算公式的汇总界面，图 12.15 所示为计算公式的定义和编辑界面。

图 12.14　计算公式定义——计算公式汇总

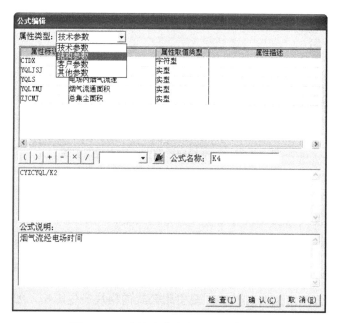

图 12.15　计算公式定义——公式编辑

6）事物特性定义

事物特性定义管理模块主要对产品模型的属性池进行管理。属性池用于定义描述企业产品系列所需的基本属性，事物特性定义可以通过属性池管理产品模型与各项参数的实例之间建立关联功能。数据信息主要包括属性类别、属性标识、属性名称与属性值等，可以根据企业对产品建模的具体要求设定相应的条件。图 12.16 所示为事物特性定义的操作窗口。

图 12.16　事物特性定义

4．产品设计流程管理模块

产品设计流程管理模块主要包括设计流程生成、设计流程定义及设计流程分配等功能。设计流程生成用于依据已有的设计任务信息与产品模型信息建立具体的产品设计流程，设计流程定义用于定义设计流程中的基本单元，设计流程分配可以对已经生成的设计流程中的基本单元进行再分配与调整。

1）设计流程生成

设计流程生成模块依据已有的电除尘器设计任务管理信息及产品模型信息自动生成电除尘器的设计流程。并且可以用图示的方式显示设计流程步骤细化，并显示每个步骤的主要信息。生成的电除尘器设计流程也可以根据实际情况进行调整与更新。图 12.17 所示为设计流程生成的操作窗口。

图 12.17　设计流程生成

2）设计流程定义

设计流程定义主要用于定义设计过程信息单元。产品设计过程信息单元是构成整个产品设计流程的基本要素。而这些信息单元可以通过设计流程定义来细化具体的步骤。图 12.18 所示为设计流程定义的操作窗口。

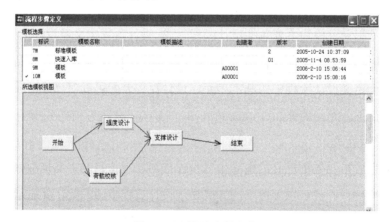

图 12.18　设计流程定义

3）设计流程分配

设计流程分配是指对重新生成或者重新定义后的新的产品设计过程单元进行再分配，主要包括的信息有任务名称、任务号、任务开始时间、任务结束时间、过程号和负责人等。图 12.19 所示为设计流程分配的操作窗口。

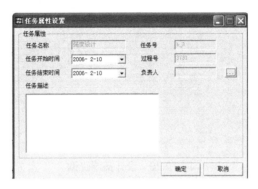

图 12.19　设计流程分配

5．产品设计资源管理模块

产品设计资源管理模块主要包括设计资源查询、设计资源借用、设计资源预览和资源版本管理等功能。设计资源查询可以让设计人员方便地查找所需的设计资源；通过设计预览，设计人员可以了解设计资源的详细信息；如果需要借用，还可以向设计资源管理人员提出借用申请。所有的设计资源版本都可以进行有效的管理。

1）设计资源查询

设计资源查询可以通过各种高级查询手段帮助设计人员查找所需的设计资源。可以通过设计资源名称、所属项目名称、设计资源编号、设计资源类型、设计资源状态及设计人等条件进行查询，同时还可以设定多个条件集帮助设计人员查询。图 12.20 所示为设计资源查询的操作窗口。

2）设计资源借用

设计资源借用模块准许设计人员在获得所需的设计资源的基本信息后提出借用申请，并在得到设计资源管理人员批准后，设计人员可以直接借用某设计资源，包括产品设计图纸、产品设计规范、某些产品的合同文件、某些产品的技术协议文件及其他归档文件。图 12.21 所示为设计资源借用的操作窗口。

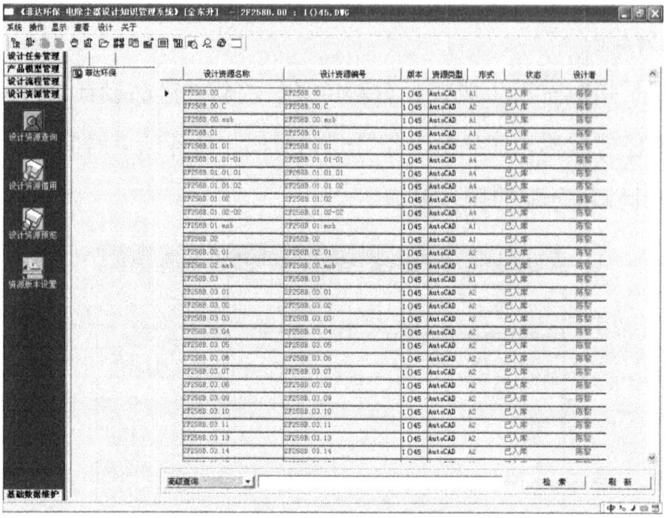

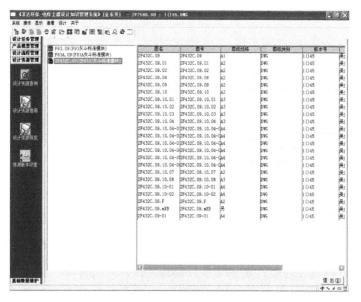

图 12.20 设计资源查询

图 12.21 设计资源借用

3）设计资源预览

设计资源预览模块为设计人员提供了对有用的设计资源信息（特别是产品模型信息）进行预览的功能。通过对设计资源的高级搜索，设计人员还可以查询到有用的设计资源并进行预览。图 12.22 所示为设计资源预览的操作窗口。

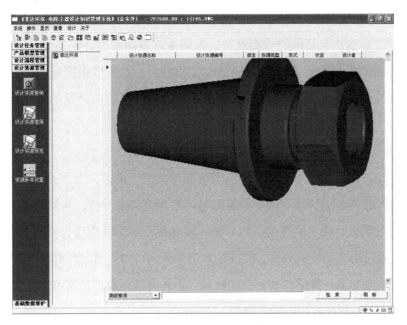

图 12.22　设计资源预览

4）资源版本管理

资源版本管理用于定义设计资源管理中的版本规则。提供了版本替换和版本修订两种版本进化方式；区分了主版本号和副版本号；建立了描述历史版本、废弃版本、工作版本和有效版本的版本编码规则。图 12.23 所示为资源版本管理的操作窗口。

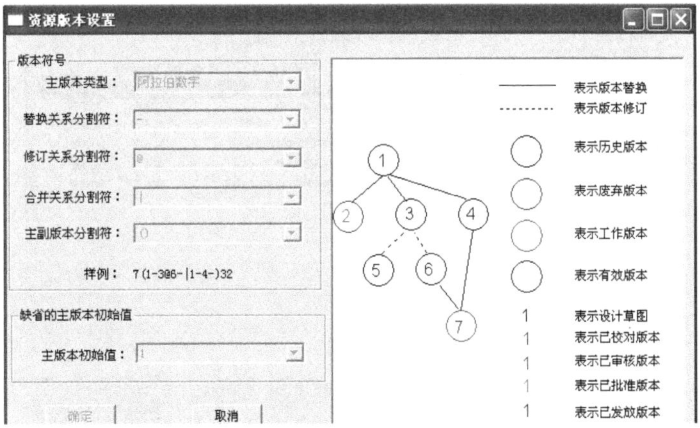

图 12.23　资源版本管理

6. 基础数据管理模块

基础数据管理模块包括编码规则维护、编码生成导向和设计物料维护三个功能模块。通过基础数据管理既可以对编码规则进行定义和维护，也可以根据建立好的编码规则进行编码的自动生成向导，还可以对产品设计及后续生产制造等涉及的物料信息进行编辑和维护。

1）编码规则维护

编码规则维护模块主要用于制定编码规则并对其进行维护。用户首先要输入编码规则的编号，该编号通常为编码规则的企业标准号，要保证其唯一性；再输入规则名称和规则描述，对编码规则进行简单的说明。然后输入码段数，该码段数应为整型变量，用于确定码段的数量，包括所有类型的码段。最后输入相关表名、相关列名和编码规则的过程信息，包括编码规则的制定者、批准者和相应的时间。输入信息完成后，还可以进行码段的定义。图 12.24 所示为编码规则维护的操作窗口。

2）编码生成向导

编码生成向导模块是通过在编码规则维护中建立的编码规则，通过向导的方式，建立编码，从而确保编码建立的正确性和唯一性。编码生成向导的主要工作界面包括编码规则信息区、代码选择输入区和编码意义显示区，同时还包括非标物料编码和装潢属性相关编码。图 12.25 所示为编码生成向导的操作窗口。

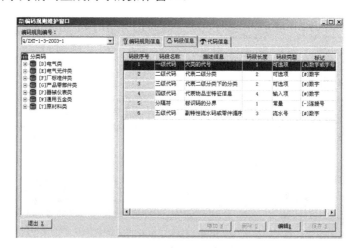

图 12.24　编码规则维护

图 12.24　编码规则维护（续）

图 12.25　编码生成向导

3）设计物料维护

设计物料维护模块用于对产品设计过程中涉及的具体物料进行维护。维护的主要信息包括物料编码、物料名称、物料规格、物料类型、品种材质、单位成本、单价和计量单位等基本信息，以确保基础数据的规范化和唯一性。图 12.26 所示为设计物料维护的操作窗口。

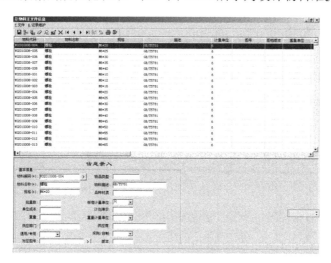

图 12.26　设计物料维护

12.2　数据驱动的大型注塑装备设计系统

12.2.1　引言

大型注塑装备被广泛应用于农业生产、塑料包装、日用塑料制品、汽车工业、建材、家用电器和军事国防等领域，其结构越来越复杂，性能参数越来越庞大。大型注塑装备的主要性能有注射速率、注射压力、模腔压力、注射量、保压压力、保压时间、塑化能力等百余个，所以迫切需要对大型注塑装备性能及性能驱动的复杂机电产品设计方法做进一步的研究和探讨。

一台通用的大型注塑装备主要包括注射部件、合模部件、液压传动部件和电气控制系统等。注射部件的主要作用是使塑料均匀地塑化成熔融状态，并以足够的压力和速度将一定量的熔料注射到模腔内。因此，注射部件应当塑化良好，剂量精确，在注射时能够为熔料提供足够的压力和速度。注射部件一般由塑化部件、计量部件、螺杆传动部件、注射和移动油缸等部件组成。合模部件是保证成型模具可靠的闭合和实现模具启闭动作的工作部件，即成型制品的工作部件。在注射时，由于进入模腔中的熔料还具有一定的压力，这要求合模部件能够给模具提供足够的合模力，以防止在熔料的压力作用下模具被打开，从而导致制品溢边或使制品的电箱液压系统精度下降。合模部件主要由模板、拉杆、合模机构、制品顶出部件和安全门等部件组成。液压传动和电气控制系统是为了保证大型注塑装备按照工艺过程预定的要求和动作程序，准确无误地进行工作而设置的动力和控制系统。

本节将性能驱动的复杂机电产品设计方法应用于大型注塑装备的相关设计过程中，建立了大型注塑装备注射部件的结构性能描述及其映射机制，阐述了性能驱动的注射部件结构设计的实现过程。针对大型注塑装备重要行为性能之一的注射时间性能进行了多参数反演分析和比较。在整机尺度上，对大型注塑装备设计结果应用 RSVC-SPEA 方法进行多目标性能优化。最后，结合国家重点自然科学基金项目"复杂机电产品质量特性多尺度耦合理论与预防性控制技术"（项目编号：50835008），开发了 HTDM 产品设计系统，实现了计算机辅助性能驱动的大型注塑装备设计。并应用组件 PDAPI 技术，详细阐述了大型注塑装备使能性能多领域数据信息的集成实现。

12.2.2　大型注塑装备结构性能建模与结构设计实现

1. 注射部件的结构性能描述及其映射机制

大型注塑装备具有单台设计、个性化、结构复杂等特点，研究该类机电产品的结构设计，对提高大型注塑装备的结构设计效率及其设计层次具有重要意义。本书阐述的性能驱动复杂机电产品结构设计方法在宁波海天集团股份有限公司的 HT××X3Y×系列大型注塑装备结构设计中得到了实际应用，获得了良好的设计效果和经济效益。由于篇幅的限制，本节仅以大型注塑装备重要组成部分注射部件为例，说明性能驱动的复杂机电产品设计方法在实际产品结构设计中是如何应用的。

大型注塑装备的注射部件的主要作用是使塑料均匀地塑化成熔融状态，并以足够的压力和速度将一定量的熔料注射到模腔内。因此，注射部件应当塑化良好，剂量精确，并且在注射过程中能够给熔料提供足够的压力和速度，大型注塑装备注射部件结构简图如图 12.27 所示。

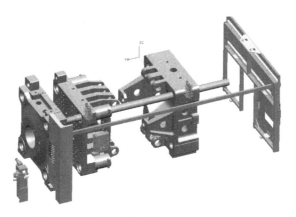

图 12.27　大型注塑装备注射部件结构简图

大型注塑装备注射部件的结构性能需求集一般包括螺杆直径性能、螺杆长径比性能、螺杆转速性能、拉杆内距性能、移模行程性能、锁模力性能、油箱容积性能、输入电压性能、计量精度性能、止逆性能、电热功率性能、理论容积性能及料筒外径性能等。这些结构性能可根据客户的个性化需求直接或间接获得。但这些结构性能的需求一般是非形式化的，首先要对这些结构性能进行预处理，形成形式化的需求描述，使其成为计算机可识别的信息，大型注塑装备注射部件的结构性能需求集形式化描述如图 12.28 所示。

$$r^{14}=\begin{bmatrix}\begin{array}{l}\text{螺杆直径}L=(70\text{mm}[\text{材料：}ABS]) \\ \text{螺杆长径比}B=(22.9L/D) \\ \text{螺杆转数}n>=(0\sim160\text{rpm}[\text{功率：}12\text{kW}]) \\ \text{拉杆内距}Ln<=(780\times780\text{mm}) \\ \text{移模行程}Ls>=(740\text{mm}) \\ \text{锁模力}Ns>=(1100\text{t}) \\ \text{油箱容积}K>=(1170L[\text{油缸压力：}100\sim300\text{Mpa}]) \\ \text{输入电压}V=(380\text{V}) \\ \text{计量精度}s=(\text{高}) \\ \text{止逆}z=(\text{有}) \\ \text{电热功率}H=(27.45\text{kW}) \\ \text{理论容量}Ks=(1421\text{cm}^{3}) \\ \text{料斗容积}Kl=(100\text{kg}) \\ \text{料筒外径}Dl=(138\text{mm})\end{array}\end{bmatrix}$$

图 12.28　大型注塑装备注射部件结构性能需求集语义描述

在获得了大型注塑装备的注射部件结构性能需求集形式化描述之后，需要根据结构性能与大型注塑装备结构映射机制对注射部件进行实例化，也就是进行产品结构设计，以获得设计结果。结构性能与大型注塑装备注射部件结构映射机制的建立是基于以往设计知识和设计经验的，大型注塑装备注射部件结构性能与实例结构映射机制举例见表 12.1。

表 12.1　注射部件结构性能与实例结构映射机制举例

螺　杆								
结构代码	长径比 B	直径 L	转数 n	材料 M	直线度 dm	允许功率 Ha	注射量 J	间隙 x
A1	10L/D	70mm	1～170rpm	ABS	0.015mm/m	16kW	750g	0.003mm
A3	15L/D	80mm	0～200rpm	PE	0.018mm/m	20kW	811g	0.004mm
B1	10L/D	70mm	0～180rpm	ABS	0.015mm/m	16kW	750g	0.003mm
……	……	……	……	……	……	……	……	……
料　筒								
结构代码	料斗容积 K1	间隙 x	电热功率 H	加料口 Q	理论容量 Ks	外径 D1	—	—
LT1346	80kg	0.003mm	22kW	对称	1346cm^3	112mm	—	—
LT1421	100kg	0.003mm	27.45kW	非对称	1421cm^3	138mm	—	—
……	……	……	……	……	……	……		
结构代码	注射量 J	止逆 z	往塑力 Fs	黏度 c	—	—	—	—
LGT750	750g	有	1200kg	高	—	—	—	—
LGT880	880g	无	1750kg	中	—	—	—	—
……	……	……	……	……				
喷　嘴								
结构代码	通胶形式 p	计量精度 s	黏度 c	—	—	—	—	—
PZ-Z11	直通式	高	高	—	—	—	—	—
PZ-M32	多流道式	高	高	—	—	—	—	—
……	……	……	……					
注　射　座								
结构代码	直线度 dm	拉杆内距 Ln	移模行程 Ls	座移行程 Lz	—	—	—	—
ZSZ15	0.015mm/m	780×780mm	750m	500mm	—	—	—	—
ZSZ20	0.02mm/m	800×800mm	700m	650mm	—	—	—	—
……	……	……	……	……				
油　压　马　达								
结构代码	输出功率 Ha	油箱容积 K	输入电压 V	转数 n	—	—	—	—
Ym-L-16	16kW	1180L	380V	0～160rpm	—	—	—	—
Ym-W-20	20kW	1200L	380V	0～150rpm	—	—	—	—
……	……	……	……	……				
油　缸								
结构代码	输入电压 V	注射力 Fs	锁模力 Ns	行程 Lx	速度 v	形式 E	—	—
YG800-t	220V	800kg	990t	600mm	0～8m/s	立式	—	—

油 缸							
YG1200-t	380V	1200kg	1100t	550mm	0~12m/s	立式	—	—
YG1200-s	380V	1200kg	1200t	750mm	0~12m/s	卧式	—	—
……	……	……	……	……	……	……	—

大型注塑装备的注射部件一般由螺杆、料筒、喷嘴、计量装置、传动装置、注射和移模油缸等组成，可以表示为：

$$S_{注射装置} = s_{螺杆} \bigcup s_{料筒} \bigcup s_{喷嘴} \bigcup ... \bigcup s_{油缸}$$

大型注塑装备注射部件的结构性能建模可以用下式表示：

$$\oplus S_{注射装置} = \bigcup_{i=1}^{n_{螺杆}} s_{螺杆} \bigcup \bigcup_{i=1}^{n_{螺杆}} \bigcup_{j=1}^{n_{料筒}} \times s_{料筒} \bigcup ... \bigcup s_{油缸}$$

$$= \bigcup_{i=1}^{n_{螺杆}} \oplus s_{螺杆} \bigcup \bigcup_{i=1}^{n_{螺杆}} \bigcup_{\substack{j=1 \\ j \neq i}}^{n_{料筒}} s_{螺杆} \times s_{料筒} \bigcup ... \bigcup s_{油缸}$$

由上式中可以看出，大型注塑装备注射部件的各个组成部件，均可由结构性能进行关联。可以进行结构性能相关的产品结构符号建模，并在模型的基础上进行产品结构设计。

2. 性能驱动的注射部件产品结构设计过程

结构性能通过映射驱动的方式实现大型注塑装备注射部件的结构设计过程是根据注射部件所处"作用—反馈"体系中的结构性能需求，通过结构性能与大型注塑装备注射部件结构映射机制，完成注射部件结构设计的过程。

大型注塑装备性能驱动结构设计过程是从最外层开始进行实例化的，然后逐步满足大型注塑装备的结构性能需求，并且不断地引入新的结构性能需求，直到没有实例结构可被添加到设计结果中为止。为了说明结构性能驱动的结构设计方法，以处于整体大型注塑装备设计最后一个层次的注射部件设计为例，根据结构性能驱动的机电产品结构设计求解算法，大型注塑装备注射部件的结构设计过程及结果图解如图 12.29 所示。

图 12.29（a）是根据结构性能需求构建的注射部件设计的"作用—反馈"体系，箭头代表结构性能需求。图 12.29（b）是根据注射部件设计中的结构性能与注射部件结构映射关系确定螺杆零件，及其相对应的"作用—反馈"体系更新示意图。已知：

$$\oplus S_{注射部件} = \oplus(E \bigcup C_{螺杆})$$

$$= \oplus E \bigcup \oplus C_{螺杆} \cup GP'_{螺杆}$$

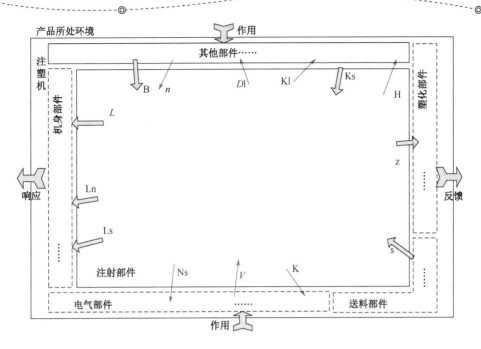

（a）注射部件"作用—反馈"体系

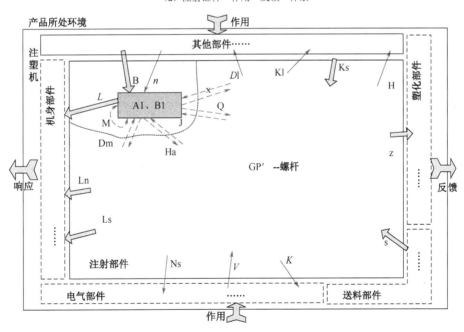

（b）确定螺杆结构

图 12.29　注射部件的结构设计过程及结果图解

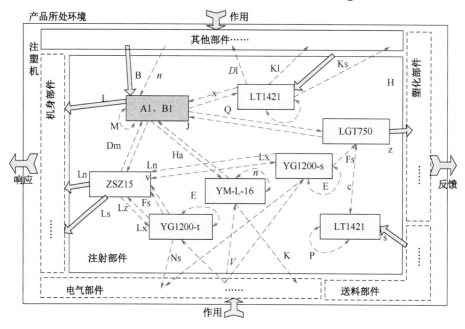

（c）完成注射部件设计

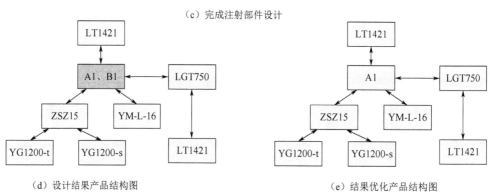

（d）设计结果产品结构图　　　　　　　（e）结果优化产品结构图

图 12.29　注射部件的结构设计过程及结果图解（续）

由于篇幅所限，省略了其他部件添加进结构设计结果及"作用—反馈"体系更新的过程示意图。图 12.29（c）是最终的注射部件结构设计结果。图 12.29（d）是根据产品结构设计结果获得的注射部件结构示意图。

在图 12.29（d）中可以看到，除了螺杆零件，其他结构性能与注射部件结构映射机制都是理想的映射关系，均有唯一的零部件被添加到注射部件结构设计结果中。但是，在螺杆零件添加进结构设计结果时产生了冗余映射关系，A1 型螺杆和 B1 型螺杆均可满足结构性能需求，所以需要对结果进行进一步的优化，以去除冗余设计，并更新结构性能与注射部件结构映射知识，达到知识更新与进化的目的。

通过比较 A1 和 B1 型号螺杆结构所对应的结构性能知识单元，其"转数"性能有所差异。大型注塑装备生产的成品率的高低是衡量大型注塑装备优劣的重要指标之一。根据图 12.30 所示的大型注塑装备"转数—成品率"优化曲线可以清晰地看出，A1 型号螺杆相对的成品率较高，得到最终的符合上述结构性能需求集的大型注塑装备产品注射部件结构如图 12.29（e）所示，其二维结构如图 12.31 所示。

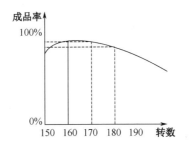

图 12.30　大型注塑装备"转数—成品率"优化曲线

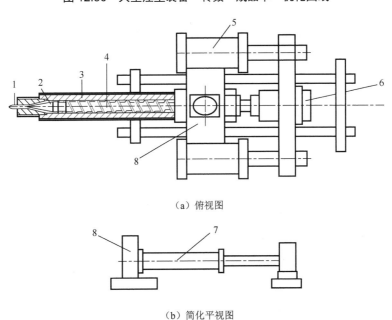

（a）俯视图

（b）简化平视图

1—喷嘴；2—螺杆头；3—料筒；4—螺杆；5—注射油缸；6—油压马达；7—座移油缸；8—注射座

图 12.31　注射部件结构设计结果二维结构示意图

12.2.3 大型注塑装备行为性能反演与目标性能优化

1. 大型注塑装备注射时间性能多参数反演

基于几何同伦分析的多参数关联行为性能反演方法在宁波海天集团股份有限公司的 HT××X3Y×系列大型注塑装备设计中得到了实际应用，获得了良好的设计效果和经济效益。由于篇幅所限，在此仅以大型注塑装备重要行为性能之一的注射时间性能为例，说明基于几何同伦分析的多参数关联行为性能反演方法在实际机电产品设计中是如何应用的。

建立 HT××X3Y×系列大型注塑装备注射时间性能反演分析模型。在该模型建立的基础上，根据基差算式可得分析模型的基差为：

$$\begin{cases} F(t) = F_i(t) - \overline{F_i} \\ S(t) = S_i(t) - \overline{S_i} \\ A(t) = A_i(t) - \overline{A_i} \\ G(t) = G_i(t) - \overline{G_i} \end{cases}$$

则反演分析的目标函数为：$f(t) = F^2(t) + S^2(t) + A^2(t) + G^2(t)$

因此，HT××X3Y×系列大型注塑装备的注射时间性能多参数关联行为性能反演分析模型如式（12-1）所示。

$$f^*(t) = \min f(t) = \min[F^2(t) + S^2(t) + A^2(t) + G^2(t)] \tag{12-1}$$

建立 HT××X3Y×系列大型注塑装备注射时间性能理论计算数据与实际测试数据之间的同伦映射为：

$$\begin{cases} H_F(n,p,r) = (1-rp)[F(t)-F(t_0)] + \\ rp[F(t)-\overline{F_t}] - r^q p^q \partial_F(t) \\ H_S(n,p,r) = (1-rp)[S(t)-S(t_0)] + \\ rp[S(t)-\overline{S_t}] - r^q p^q \partial_S(t) \\ H_A(n,p,r) = (1-rp)[A(t)-A(t_0)] + \\ rp[A(t)-\overline{A_t}] - r^q p^q \partial_A(t) \\ H_G(n,p,r) = (1-rp)[G(t)-G(t_0)] + \\ rp[G(t)-\overline{G_t}] - r^q p^q \partial_G(t) \end{cases} \tag{12-2}$$

取常规嵌入参数 $r=2$，$q=1$，则 $p \in [0, 0.5]$，可将式（12-2）变为：

$$\begin{cases} (1-rp)[F(t)-F(t_0)]+rp[F(t)-\overline{F_t}]- \\ \quad r^q p^q \partial_{\mathrm{F}}(t)=0 \\ (1-rp)[S(t)-S(t_0)]+rp[S(t)-\overline{S_t}]- \\ \quad r^q p^q \partial_{\mathrm{S}}(t)=0 \\ (1-rp)[A(t)-A(t_0)]+rp[A(t)-\overline{A_t}]- \\ \quad r^q p^q \partial_{\mathrm{A}}(t)=0 \\ (1-rp)[G(t)-G(t_0)]+rp[G(t)-\overline{G_t}]- \\ \quad r^q p^q \partial_{\mathrm{G}}(t)=0 \end{cases} \quad (12\text{-}3)$$

同样取常规同伦反演频率 Ω，并引入同伦变换 $\tau=\Omega t$，可得：

$$\begin{cases} -r(k+1)F(t_0)^{(k)}+F(t_0)^{(k+1)}=-r(k+1)F(t_0)^{(k)} \\ \qquad\qquad\qquad\qquad\qquad +q!r^q \sigma_{\mathrm{F}}(\tau) \\ -r(k+1)S(t_0)^{(k)}+S(t_0)^{(k+1)}=-r(k+1)S(t_0)^{(k)} \\ \qquad\qquad\qquad\qquad\qquad +q!r^q \sigma_{\mathrm{S}}(\tau) \\ -r(k+1)A(t_0)^{(k)}+A(t_0)^{(k+1)}=-r(k+1)A(t_0)^{(k)} \\ \qquad\qquad\qquad\qquad\qquad +q!r^q \sigma_{\mathrm{A}}(\tau) \\ -r(k+1)G(t_0)^{(k)}+G(t_0)^{(k+1)}=-r(k+1)G(t_0)^{(k)} \\ \qquad\qquad\qquad\qquad\qquad +q!r^q \sigma_{\mathrm{G}}(\tau) \end{cases} \quad (12\text{-}4)$$

将嵌入参数在 $p=0$ 处展开为泰勒展开式，并且令 $p\to0.5$，求得模型的反演结果为：

$$\begin{cases} F^*(t)=\lim_{p\to0.5}\Big[F(t_0)+\sum_{k=1}^{\infty}\dfrac{t_0^{(k)}}{k!}p^k\Big]=F(t_0)+\sum_{k=1}^{\infty}\dfrac{t_0^{(k)}}{k!}\dfrac{1}{r^k} \\ S^*(t)=\lim_{p\to0.5}\Big[S(t_0)+\sum_{k=1}^{\infty}\dfrac{t_0^{(k)}}{k!}p^k\Big]=S(t_0)+\sum_{k=1}^{\infty}\dfrac{t_0^{(k)}}{k!}\dfrac{1}{r^k} \\ A^*(t)=\lim_{p\to0.5}\Big[A(t_0)+\sum_{k=1}^{\infty}\dfrac{t_0^{(k)}}{k!}p^k\Big]=A(t_0)+\sum_{k=1}^{v}\dfrac{t_0^{(k)}}{k!}\dfrac{1}{r^k} \\ G^*(t)=\lim_{p\to0.5}\Big[G(t_0)+\sum_{k=1}^{\infty}\dfrac{t_0^{(k)}}{k!}p^k\Big]=G(t_0)+\sum_{k=1}^{\infty}\dfrac{t_0^{(k)}}{k!}\dfrac{1}{r^k} \end{cases} \quad (12\text{-}5)$$

依据相关连续过程数值模拟方法，反演结果如图 12.32 所示。

在前述参数取值的条件下，获得 HT××X3Y×系列大型注塑装备注射时间性能反演结果。对反演结果进行仿射变换，与理论计算值、实际测试值的比较如图 12.33 所示。由此可以看出，反演结果是连续的，并且更加贴近实际测试值，对实际设计更加具有指导意义。

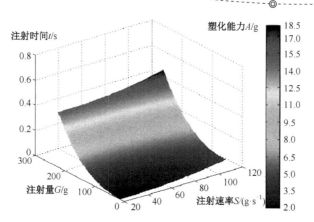

图 12.32　HT××X3Y×系列大型注塑装备注射时间性能反演结果

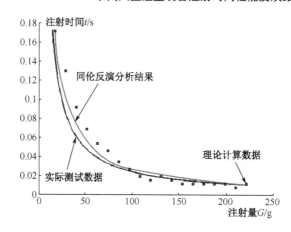

（a）注射量

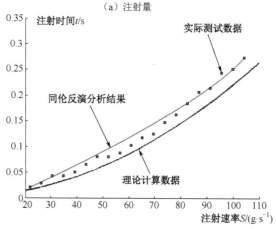

（b）注射速率

图 12.33　注射时间性能反演结果比较

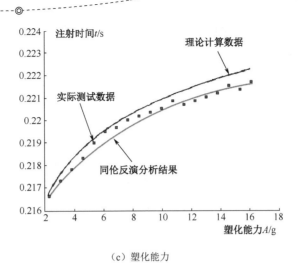

（c）塑化能力

图 12.33　注射时间性能反演结果比较（续）

最后，利用多参数同伦两段修正法对 HT××X3Y×系列大型注塑装备注射时间性能反演结果进行修正，修正结果如图 12.34 所示。同样对修正结果进行仿射变换，与其他结果进行比较，如图 12.35 所示。

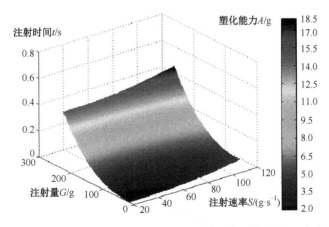

图 12.34　HT××X3Y×系列大型注塑装备注射时间性能反演修正

为了检验反演结果，获得实际测试数据如图 12.36 所示。

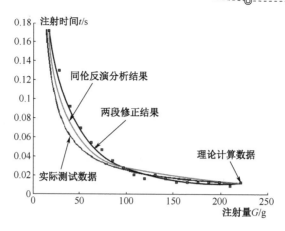

（a）注射量

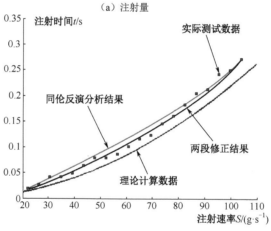

（b）注射速率

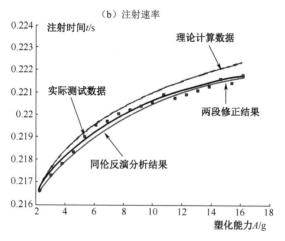

（c）塑化能力

图 12.35　注射时间性能反演修正结果比较

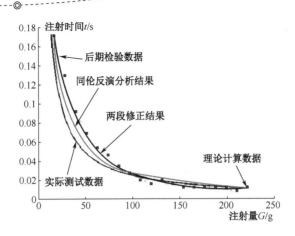

（a）注射量

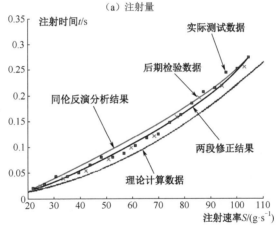

（b）注射速率

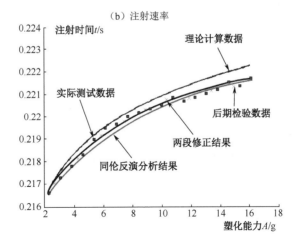

（c）塑化能力

图 12.36　HT××X3Y×系列大型注塑装备注射时间性能反演验证

由此可以看出，经过反演分析的 HT××X3Y× 系列大型注塑装备注射时间性能反演结果与实际测试采样数据相对吻合。说明基于几何同伦的分析方法对 HT××X3Y× 系列大型注塑装备注射时间性能反演是有效的。采用多参数同伦两段修正法，使反演结果能够较好地抑制观测噪声。注射时间性能反演结果对 HT××X3Y× 系列大型注塑装备的进一步设计具有更实际的指导意义。

2．大型注塑装备整机尺度多目标性能优化

大型注塑装备在整机尺度上是一个多目标优化问题。大型注塑装备整体结构复杂，零部件众多，包括卧式注塑装备、立式注塑装备、角式注塑装备和多工位注塑装备。其共同的功能结构模块如图 12.37 所示。注塑的基本要求是塑化、注射和定型。因此，评价大型注塑装备整体性能的主要指标有塑化能力、注射压力和注射功率。

（1）塑化能力是大型注塑装备在最高螺杆转速及零背压的情况下，单位时间内能够将物料塑化的能力，是评价注射部件塑化性能良好与否的重要标志。在整个注射成型周期中，塑化能力应该在规定的时间内，保证能够提供足够量的塑化均匀的熔料以备注射之用。足够大的塑化能力能够保证高速、高压注塑成型的物料供应。

（2）注射压力是注射时螺杆对机筒内物料所施加的压力，单位为MPa。注射压力在注塑中起重要的作用，在注射时，它必须克服熔料从机筒流向模腔所经过各种流道的流动阻力，给熔料提供必要的注射速度，并将熔料压实。足够大的注射压力在注射时可以提高生产效率，提高制品定型质量。

（3）注塑功率是完成整个注塑过程成型周期中各个阶段所需要功率的平均值，主要由大型注塑装备的塑化能力和注射压力决定。在大型注塑装备的实际使用过程中，注射功率有逐渐提高的趋势，这给用户带来比较大的额外消耗，所以要在保证大型注塑装备具有较高的塑化能力和注射压力的同时，尽量减小注塑功率。

为了保证大型注塑装备成型速度快、制品质量优的整体性能要求，大型注塑装备优化的目标是在提高塑化能力与注射压力的同时，降低注射功率。塑化能力、注射压力和注射功率的优化目标表达式为：

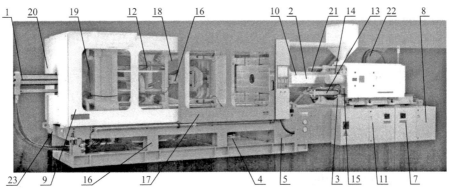

1—锁模油缸；2—塑化组件；3—射台固定与调节装置；4—冷却水及泄油装置；5—封板组件；
6—合模机身；7—电气用组件；8—注射机身；9—防护门组件；10—加热组件；11—配电箱；
12—曲轴模板连接组件；13—整移油缸；14—机筒罩壳；15—注射座；16—顶出油缸；
17—前移动门组件；18—后移动门组件；19—调模装置；20—尾板防护门组件；
21—注射防护罩组件；22—液压部件；23—润滑组件

图 12.37 HT××X3Y×系列大型注塑装备功能结构模块图

塑化能力（cm^3/s）：

$$Q = \frac{\pi^2 D_s^2 h_3 \sin\theta \cos\theta}{2} - \left(\frac{\pi D_s h_3^3 \sin^2\theta}{12\eta_1} + \frac{\pi^2 D_s^2 \delta^3 \tan\theta}{12\mu_2 e} \right) \frac{q_L}{L_3} \tag{12-6}$$

注射压力（MPa）：

$$p_i = \frac{F_0 p_0}{F_s} n = \left(\frac{D_0}{D_s} \right)^2 p_0 N \tag{12-7}$$

注射功率（kW）：

$$N_i = F_s p_i v_i = q_L p_0 \times 10^{-3} \tag{12-8}$$

其中，

D_s ——螺杆直径（cm）；

h_3 ——计量段螺槽深度（cm）；

n ——螺杆转速（r/m）；

θ ——螺纹升角（°）；

η_1 ——螺槽中熔料的有效粘度（Pa·s）；

η_2 ——间隙中熔料的有效粘度（Pa·s）；

δ ——螺杆与机筒之间的间隙（cm）；

e——螺杆轴向宽度（cm）；

L_3——计量段长度（cm）；

q_L——理论注射速率（cm³/s）；

F_0——注射油缸活塞的有效面积（cm²）；

D_0——注射油缸内径（cm）；

F_s——螺杆截面积（cm²）；

p_0——工作油压力（MPa）；

N——注射油缸数；

v_i——注射速度（cm³/s）。

大型注塑装备设计烦琐，而且在整机尺度上设计参数间存在一定的多尺度的融合条件。为了保证大型注塑装备目标性能优化结果的可用性，必须在优化过程中建立大型注塑装备多尺度目标性能优化融合条件。

（1）注射压力 p_i：在大型注塑装备的有关标准（JB/T 7267—2004）规定了 p_i 的范围必须为 130～160 MPa。

（2）注射油缸内径 D_0：为了充分发挥注射部件的能力，D_0 必须满足式（12-9）的等式约束。

$$D_0 = D_s \sqrt{\frac{p_i}{N p_0}} \qquad (12\text{-}9)$$

（3）注射油缸数 N：由于大型注塑装备总功率及重量、体积等设计要素的限制，工作油缸只能是单缸 $N=1$ 或双缸 $N=2$。

（4）塑化能力 Q：保证在规定的时间内能够提供足够容量且塑化均匀的胶料以备注射时用，需满足以下不等式约束：

$$Q = \frac{1}{2}\pi^2 D_s^2 h_3 \sin\theta \cos\theta \cdot k \geqslant Q^{\min} \qquad (12\text{-}10)$$

其中，修正系数 $k=0.88$。

（5）为了保证大型注塑装备既能正常运行又能具有良好的安全性，塑化能力与注射压力必须符合区间约束，约束关系见表 12.2。

表 12.2 塑化能力与注射压力区间约束关系

注射压力(MPa)	塑化能力(cm³/s)
130～140	88.9～305.6
140～150	18.9～88.9
150～160	2.2～18.9

（6）理论注射速率 q_L：为了得到密度均匀和尺寸稳定的制品，q_L 与注射油缸的大小，以及数量和工作油压力需要满足等式约束。

满足以上多尺度融合条件的同时，所有设计参数都应在机型规定的范围之内取值，以保证多目标优化结果的有效性。

大型注塑装备多目标性能优化设计变量中：P_0、v_i 等为指定范围内的连续值，适合采用浮点数编码；N 为离散值，适合采用二进制编码。为了不影响计算所得最优解集合前沿的分布性，采用如图 12.38 所示的浮点数与二进制混合染色体编码机制。

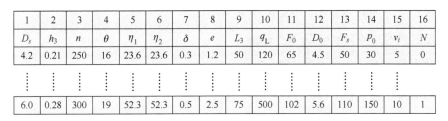

1	2	3	4	5	6	7	8	9	10	11	12	13	14	15	16
D_s	h_3	n	θ	η_1	η_2	δ	e	L_3	q_L	F_0	D_0	F_s	P_0	v_i	N
4.2	0.21	250	16	23.6	23.6	0.3	1.2	50	120	65	4.5	50	30	5	0
⋮	⋮	⋮	⋮	⋮	⋮	⋮	⋮	⋮	⋮	⋮	⋮	⋮	⋮	⋮	⋮
6.0	0.28	300	19	52.3	52.3	0.5	2.5	75	500	102	5.6	110	150	10	1

图 12.38 浮点数与二进制混合染色体编码机制

其中，第 1 至第 15 位设计变量在各自指定区间范围内连续变化，初始种群在区间范围内随机取值。使用模拟二进制交叉与变异方法，并且限定每个设计变量的变化范围。第 16 位表示工作油缸数 N，使用 1 位二进制编码，0 代表单缸（$N=1$），1 代表双缸（$N=2$），采用二进制交叉与变异规则。

建立 HT××X3Y× 系列大型注塑装备在相同的多尺度融合条件与变量范围的条件下的 2 目标与 3 目标优化模型和参数设置如下。

1）优化模型

2 目标优化模型：$\max F_1 = [Q, p_i]$

3 目标优化模型：$\max F_2 = [Q, p_i, -N_i]$

2）参数设置

螺杆直径：$4.2\text{cm} \leqslant D_s \leqslant 6.0\text{cm}$；

计量段螺槽深度：$0.21\text{cm} \leqslant h_3 \leqslant 0.28\text{cm}$；

螺杆转速：$250\text{r/m} \leqslant n \leqslant 300\text{r/m}$；

螺纹升角：$16° \leqslant \theta \leqslant 19°$；

螺槽中熔料的有效黏度：$23.6\text{Pa·s} \leqslant \eta_1 \leqslant 52.3\text{Pa·s}$；

间隙中熔料的有效黏度：$23.6\text{Pa·s} \leqslant \eta_2 \leqslant 52.3\text{Pa·s}$；

螺杆与机筒之间的间隙：$0.3\text{cm} \leqslant \delta \leqslant 0.5\text{cm}$；

为螺杆轴向宽度：$1.2\text{cm} \leqslant e \leqslant 2.5\text{cm}$；

计量段长度：$50\text{cm} \leqslant L_3 \leqslant 75\text{cm}$；

理论注射速率：$120\text{cm} \leqslant q_L < 500\text{cm}^3/s$；

注射油缸活塞的有效面积：$65\text{cm}^2 \leqslant F_0 \leqslant 102\text{cm}^2$；

注射油缸内径：$4.5\text{cm} \leqslant D_0 \leqslant 5.6\text{cm}$；

螺杆截面积：$50\text{cm}^2 \leqslant F_s \leqslant 110\text{cm}^2$；

工作油压力：$30\text{Mpa} \leqslant p_0 \leqslant 150\text{Mpa}$；

注射油缸数：$N = 1, 2$；

注射速度：$5\text{cm}^3/s \leqslant v_i \leqslant 10\text{cm}^3/s$。

最后，使用 C 语言实现 RSVC-SPEA 计算方法对 HT××X3Y×系列大型注塑装备目标性能进行优化，并使用 P4 2.6GHz、512M 内存和 120G 硬盘的微型计算机运行。2 目标优化模型使用内部种群 200、外部种群 60、迭代次数 250；3 目标优化模型使用内部种群 800、外部种群 350、迭代次数 1200。通过试验运行，设置浮点交叉概率为 0.7、浮点变异概率为 0.2、浮点交叉与变异运算分布指数为 18；设置二进制交叉与变异概率分别为 0.2 和 0.8。

应用 RSVC-SPEA 方法对 HT××X3Y×系列大型注塑装备目标性能进行 2 目标优化。获得包含 60 个个体的最优解集合解前沿如图 12.39（a）所示。并根据基于集合理论的选优方法，客观地确定最优解集合中的综合最优解。

为了比较说明传统的线性加权方法与 RSVC-SPEA 方法的差异，将 2 目标最大化问题通过线性加权转变为单目标最大化问题：

$$\max\{\omega Q+(1-\omega)p_i\}$$

使用同样的运算参数进行 60 次单目标运算，每次运算权值 ω 在有效区间内随机取值，获得如图 12.39（b）所示的最优解集合。

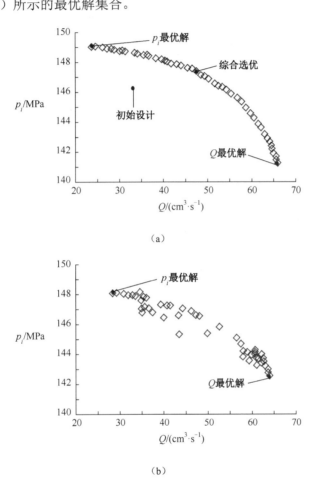

（a）

（b）

图 12.39　HT××X3Y×系列大型注塑装备目标性能 2 目标优化最优解集合解前沿

传统的线性加权方法与 RSVC-SPEA 方法对 HT××X3Y×系列大型注塑装备目标性能优化设计结果对比见表 12.3，并且表中分别列举了线性加权方法与 RSVC-SPEA 方法获得的 Q 目标最优与 p_i 目标最优的产品设计变量与相应的目标函数值。从图 12.39（a）与图 12.39（b）中可以清楚地看出，RSVC-SPEA 方法可以在 1 次运算中获得比线性加权方法 60 次运算分布性和边界性更好的最优解集合解前沿。

表 12.3　线性加权方法与 RSVC-SPEA 方法优化结果

参数	初始设计	RSVC-SPEA 方法			线性加权方法	
		Q 最优	p_i 最优	综合最优	Q 最优	p_i 最优
D_s	4.5	4.61	5.43	5.06	4.93	5.15
h_3	0.23	0.22	0.26	0.23	0.23	0.22
n	250	250.11	268.32	255.97	250.31	260.55
θ	16	17.25	18.22	17.83	16.59	17.92
η_1	24.10	24.10	24.10	24.10	24.10	24.10
η_2	25.32	25.32	25.32	25.32	25.32	25.32
δ	0.4	0.33	0.42	0.37	0.31	0.47
e	1.20	1.38	2.45	1.78	1.22	1.56
L_3	60	55.32	62.15	59.93	52.31	60.01
q_L	300	140.99	352.79	253.12	300.99	308.12
F_0	70	66.98	99.29	78.25	70.01	68.56
D_0	4.80	4.83	5.02	4.92	4.96	4.85
F_s	80	87.23	88.19	88.01	79.65	88.41
p_0	35	36.92	36.01	36.55	40.21	39.88
N	0	0	1	1	0	1
v_i	6	8.99	9.02	9.00	8.65	9.32

　　根据设定的 3 目标优化模型及参数取值范围，在满足相应约束的条件下，利用 RSVC-SPEA 方法进行求解，所得 HT××X3Y× 系列大型注塑装备整体性能优化设计最优解集合解前沿如图 12.40 所示。从图 12.40 中可以看出，在注射功率恒定的前提下，HT××X3Y× 系列大型注塑装备塑化能力与注射压力的变化趋势和图 12.39（a）所示最优解集合解前沿的边界性与分布性相一致。并且，设计结果同时满足了塑化能力、注射压力与注射功率的设计约束。因此，可以说明 RSVC-SPEA 算法对于 HT××X3Y× 系列大型注塑装备目标性能 3 目标优化设计问题也能够得到分布良好的最优解集合解前沿。

　　在 HT××X3Y× 系列大型注塑装备目标性能优化设计问题求解过程中，分别用 RSVC-SPEA 方法与 SPEA 方法进行求解。对于 2 目标优化模型，两种结果获得的优化设计最优解集合解前沿如图 12.41 所示。

　　采用 5 组不同的种群规模和迭代次数进行试验，每个方法在同一种群规模与相同迭代次数的条件下，运行 20 次，计算平均时间消耗，试验结果见表 12.4。通过对表 12.4 的分析可知，对于 2 目标优化模型，RSVC-SPEA 方法比 SPEA 方法的时间消耗减少了 9.39%；

对于 3 目标优化模型，RSVC-SPEA 方法比 SPEA 方法的时间消耗减少了 45.22%。说明对于外部种群，利用 RSVC 方法进行聚类，可以消减外部种群数量，有利于提高解决外部种群庞大的实际工程应用问题算法的运算效率。

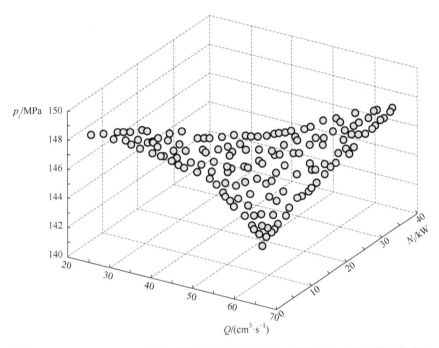

图 12.40　HT××X3Y×系列大型注塑装备目标性能 3 目标优化最优解集合解前沿

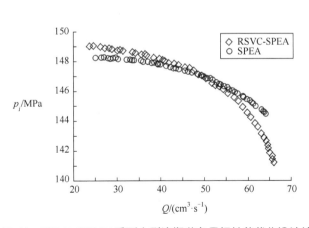

图 12.41　HT××X3Y×系列大型注塑装备目标性能优化设计结果

表 12.4　试验结果分析

算法	实例 1 N=200; M=50; G=400;	实例 2 N=400; M=100; G=800;	实例 3 N=800; M=200; G=1200;
SPEA(s)	132.42	1227.33	5583.84
FCM-SPEA(s)	119.99	1005.95	3059.02
时间缩短率(%)	9.39	18.04	45.22

因此，与 SPEA 方法相比，在解决实际工程多目标性能优化问题时，RSVC-SPEA 方法不仅可以获得最优解集合解前沿的分布性和边界性，而且还能有效地提高计算效率。伴随着求解问题规模的增大，时间消耗的降低更为明显。

12.2.4　大型注塑装备设计系统与使能性能数据集成

1．性能驱动的大型注塑装备产品设计系统

计算机辅助实现机电产品设计是产品设计的必然趋势，在进行性能驱动的复杂机电产品设计理论和方法研究的同时，结合国家重点自然科学基金项目"复杂机电产品质量特性多尺度耦合理论与预防性控制技术"（项目编号：50835008），将部分研究成果应用于大型注塑装备的设计中，开发了 HTDM 产品设计系统。该系统的开发环境为 PowerBuilder 9.0 和 SQL Server 2000。该系统主要有以下优点。

（1）保持机电产品数据的一致性。性能驱动的机电产品设计的相关信息是不断变化的。将相关信息的维护纳入 HTDM 系统的更改控制、版本管理，增强了机电产品设计相关的可靠性及维护工作的可追溯性。

（2）优化复杂机电产品设计结果。机电产品设计结果性能的优化往往涉及很多全局性的准则和信息来源，如大型注塑装备的性能信息、结构信息、成本信息等，通过 HTDM 提供的全面的大型注塑装备相关信息，则可以比较容易地实现这些优化目标。

（3）减少机电产品全局数据冗余。大型注塑装备设计模型不是僵硬地刻画产品，而是智能化地组织结构性能知识单元与机电产品结构的映射。一个大型注塑装备设计模型可以衍生许多实例大型注塑装备，这种组织方法对于减小 HTDM 系统数据冗余，提高数据组织和维护效率具有很重要的指导作用。

（4）与全局信息系统的集成接口。性能驱动的大型注塑装备设计所需要的信息来源于企业整体的信息平台，通过 HTDM 系统和其他企业信息系统的集成，可以实现机电产品设计性能数据的一体化。

HTDM 系统主要包含大型注塑装备性能知识管理模块、大型注塑装备设计流程管理模块和大型注塑装备设计实现模块。HTMD 系统的登录界面如图 12.42 所示。

图 12.42　HTDM 系统登录界面

（1）大型注塑装备性能知识管理模块主要的功能包括性能知识获取、性能知识与结构映射、性能知识属性与参数群，以及产品设计规则定义。

① 性能知识获取。HTDM 系统可以根据大型注塑装备的机型、螺杆、系列和吨位批量获取相关性能知识，如图 12.43（a）所示。为了使性能知识的获取更简易，HTDM 也提供根据特定信息来获取大型注塑装备的相关性能知识的操作方法，图 12.43（b）所示就是根据行业属性来获取大型注塑装备性能知识的界面。

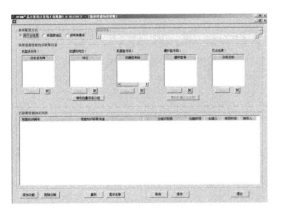
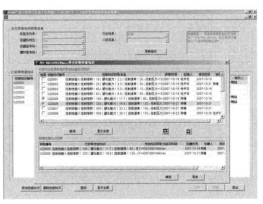

（a）　　　　　　　　　　　　　　　　（b）

图 12.43　大型注塑装备性能知识获取界面

② 性能知识与结构映射。根据大型注塑装备的结构性能知识单元与机电产品的实例结构映射机制，建立二者之间的映射关系。图 12.44（a）为映射机制建立的总体界面，在确立大型注塑装备性能参数之后，通过如图 12.44（b）所示界面选择相对应的实例结构，该信息来自于企业的产品数据管理系统。

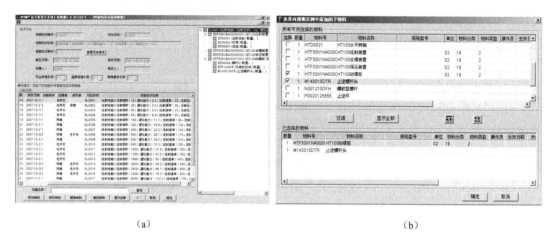

（a） （b）

图 12.44 大型注塑装备结构性能知识单元与结构映射界面

③ 性能知识属性与参数群。HTDM 系统可以灵活地定义大型注塑装备相关的性能知识的属性字段，用来建立结构性能知识与实例机构的映射机制，如图 12.45（a）所示。另外，大型注塑装备相关的参数也可以进行统一的管理，建立性能知识参数群，如图 12.45（b）所示。

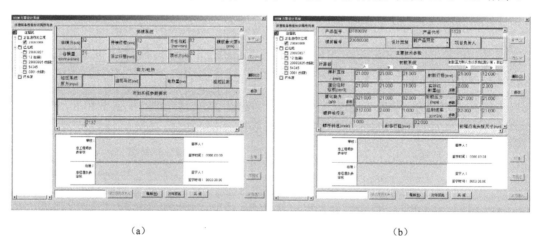

（a） （b）

图 12.45 大型注塑装备性能知识属性与参数群界面

④ 产品设计规则定义。在设计过程中，性能知识所对应的实例结构之间或者性能知识与性能知识之间存在一定的限制或约束规则。需要利用如图 12.46（a）所示的系统界面定义设计规则。规则定义的相关数据来源于如图 12.46（b）所示的界面。

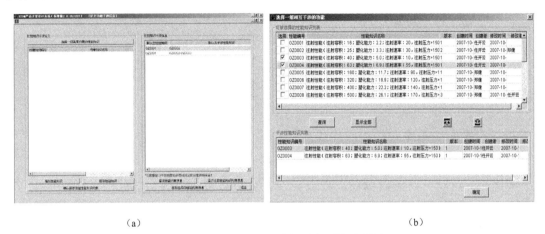

（a）　　　　　　　　　　　　　　　　　　　　　（b）

图 12.46　大型注塑装备设计规则定义界面

（2）设计流程管理模块主要的功能包括设计项目创建、设计任务指派、设计流程分配和设计项目分析。

① 设计项目创建。图 12.47 所示是项目创建界面，通过项目的创建来跟踪大型注塑装备的设计，以便保证 HTDM 系统数据的一致性。

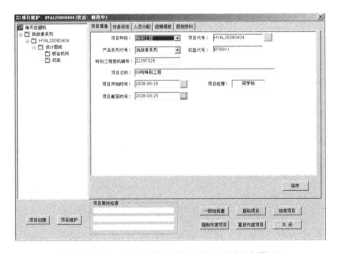

图 12.47　大型注塑装备设计项目创建界面

② 设计任务指派。大型注塑装备设计是一个多分工协作的过程，可以利用 HTDM 系统提供的任务分解界面将设计任务进行分解，并进行任务指派，如图 12.48（a）所示。图 12.48（b）是用来定义大型注塑装备设计可分配任务的界面。

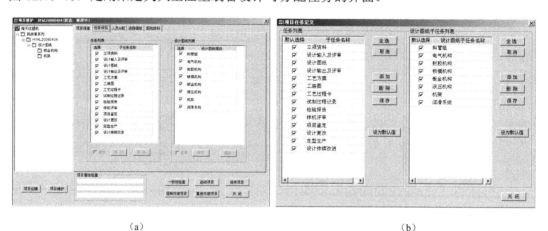

（a） （b）

图 12.48 大型注塑装备设计任务指派界面

③ 设计流程分配。大型注塑装备设计过程中需要进行相关任务的审定和检查，因此需要利用图 12.49（a）所示的界面来指定相关任务的流程。流程可以利用图 12.49（b）所示的界面来灵活定义。

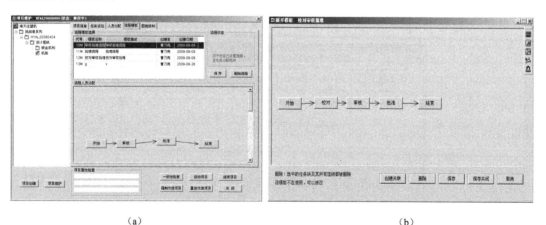

（a） （b）

图 12.49 大型注塑装备设计流程分配界面

④ 设计项目分析。HTDM 系统提供了对每个项目进行统计分析的功能，可以统计某

大型注塑装备设计的子任务数量、完成时间、图纸数量、错误次数等相关信息。大型注塑装设计项目分析界面见图 12.50。

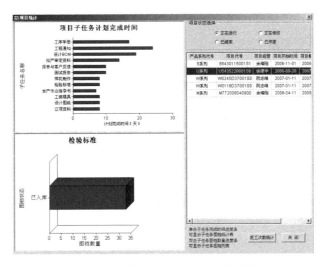

图 12.50　大型注塑装备设计项目分析界面

（3）设计实现模块主要的功能包括性能驱动大型注塑装备设计、设计结果重用、设计结果优化目标设置和性能参数驱动装配图纸生成。

① 性能驱动大型注塑装备设计。根据大型注塑装备的结构性能需求集的语义描述，如图 12.51（a）所示。利用定义好的大型注塑装备设计约束和规则，生成符合结构性能需求的大型注塑装备产品结构，相关系统界面如图 12.51（b）所示。

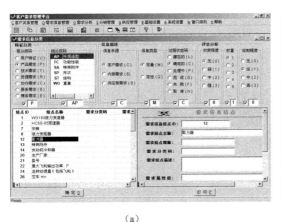
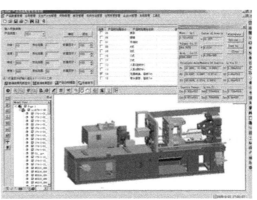

（a）　　　　　　　　　　　　　　　　（b）

图 12.51　性能驱动大型注塑装备结构生成界面

② 设计结果重用。在生成大型注塑装备后，HTDM 系统将相关信息进行智能整理与分析。当遇到相同的性能知识需求时，系统会自动提示已有满足性能知识需求集的存在，并显示该设计结果的详细信息，避免设计人员的重复操作和系统的数据冗余。具有设计结果重用提示的系统界面如图 12.52 所示。

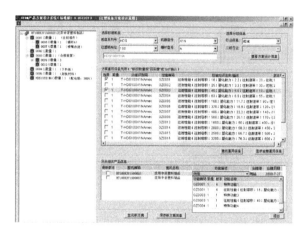

图 12.52　大型注塑装备设计结果重用界面

③ 设计结果优化目标设置。根据性能驱动的大型注塑装备设计方法，可以通过 HTDM 系统动态调整设计结果优化的目标，使设计结果更加符合性能知识需求。在产品设计过程中可以通过定义优先使用的实例结构，如图 12.53（a）所示，设计结果也可以选择或者定义优化的目标，如图 12.53（b）所示。

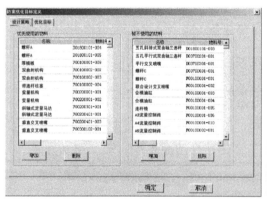

（a）

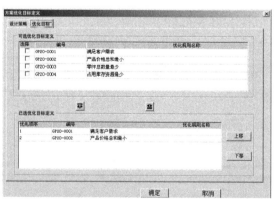

（b）

图 12.53　大型注塑装备设计结果优化目标设置界面

④ 性能参数驱动装配图纸生成。产品设计完成后，对应大型注塑装备产品的参数值将自动传入到参数化 CAD 系统（Solid Edge）中，并驱动对应的主图生成实例化的图纸。图 12.54 为大型注塑装备注射部件和合模部件的参数化驱动设计结果。

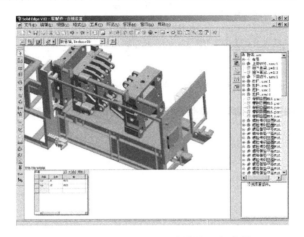

图 12.54　性能参数驱动装配图纸生成界面

2．大型注塑装备使能性能多领域数据集成

基于组件 PDAPI 的机电产品设计多领域使能性能数据集成技术在 HTDM 系统中同样得到实现。HTDM 系统应用组件 PDAPI 技术极大地提高了企业整体信息平台的集成程度，实现了性能驱动复杂机电产品设计的信息共享，提高了产品的质量，降低了成本，缩短了交货周期。以企业信息化平台中典型系统 HTDM 与 SAP R/3 ERP 的集成为例，详细阐述基于组件 PDAPI 的大型注塑装备设计多领域使能性能数据集成技术的具体实现。

HTDM 与 SAP R/3 ERP 系统的集成需求如图 12.55 所示。采用对 SAP R/3 ERP 系统远程调用模块进行二次开发，针对不同集成需求创建组件 PDAPI，在 HTDM 系统中应用 PowerBuilder 程序控件调用的形式来实现这两个系统的集成。

例如，为方便技术人员进行大型注塑装备设计，往往需要实现在 HTDM 系统中查询相应物料经 SAP R/3 ERP 系统处理后获得的使能性能数据，对 SAP R/3 ERP 系统远程调用模块进行二次开发，创建组件 PDAPI 的过程如下。

（1）访问层的创建。为组件 PDAPI 创建一个符合标准的名字 BAPI_MATERIAL_GET_ALL，并且定义相关属性，如图 12.56 所示。

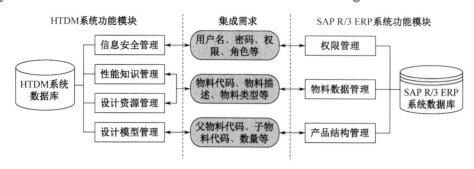

图 12.55　HTDM 与 SAP R/3 ERP 系统的集成需求

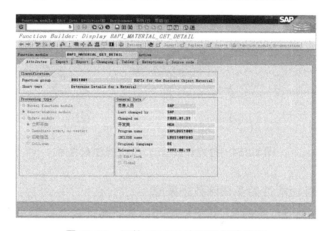

图 12.56　组件 PDAPI 访问层创建界面

（2）通道层的创建。对访问层接收的物料相关数据进行解析，获得系统间集成操作的特性集合 CHECK_CLIENTDATA、FILL_MESSAGE 等，如图 12.57 所示。

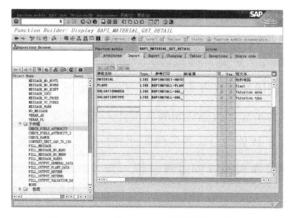

图 12.57　组件 PDAPI 通道层创建界面

（3）完整性层的创建。对获得的操作特性集合并且已经定义好的关于值和值域的强制约束条件进行正确性检查，如图 12.58 所示。

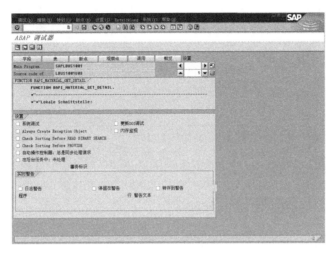

图 12.58　组件 PDAPI 完整性层创建界面

（4）内核层的创建。解析获得的集成操作特性集，将唤醒的相应执行程序在如图 12.59 所示的环境下创建，访问底层数据，程序编写要符合执行的语义描述，该部分将严格对外封装。

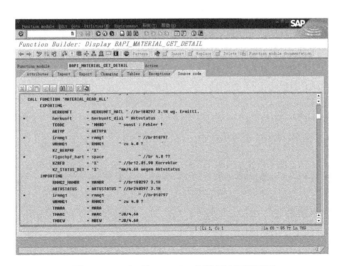

图 12.59　组件 PDAPI 内核层创建界面

其他集成需求相对应的组件 PDAPI 和上述实现方法类似，因此不再赘述。HTDM 系统中应用 PowerBuilder 控件调用 PDAPI 方法如下：

```
//定义连接对象
go_object = create oleobject
//控件
go_object.ConnectToNewObject("SAP.LogonControl.1")
go_connection = go_object.NewConnection
//语言
go_connection.Language = "ZH"
//用户名
go_connection.User = "10608026"
//密码
go_connection.Password = "admin"
//集团号码
go_connection.Client = "000"
//IP
go_connection.ApplicationServer = "10.11.111.186"
//系统编号
go_connection.SystemNumber = "00"
//定义功能对象
go_function = create OLEobject
go_function.ConnectToNewObject("SAP.Functions")
go_function.Connection = go_connection
//定义表
go_func = create oleobject
......
//调用组件PDAPI
go_function.Add("PDAPI_* ")
//传入数据
go_func.Exports("Parameters").value =
......
//连接，并返回结果
lb_return = go_func.Call()
//传出数据
o_table.value(n) =
......
```

12.3 复杂锻压装备性能增强设计及工程应用

12.3.1 引言

锻压装备是一类客户需求复杂、制造过程复杂、应用场景复杂、生产开发复杂的小批量定制产品。锻压装备性能增强设计将性能设计融入产品早期设计过程中，在设计阶段准确把握产品的性能需求，以性能为中心进行优化、均衡与预测，从而有效增强产品的性能。基于不确定条件下复杂产品性能增强设计的理论研究，以国家自然科学基金重点项目"复杂机电产品质量特性多尺度耦合理论与预防性控制技术"、国家自然科学基金项目"大数据驱动的产品精确设计理论、方法及其应用研究"，国家优秀青年基金项目"现代机械设计理论"和国家 863 计划重点项目"云制造服务模式与共性关键技术研究"的理论和技术为依托，开发了"复杂产品性能设计系统集成平台（Integrated Platform for Performance Design System，ZJU-IPPDS）"。该系统以 PowerBuilder 为开发工具，以 SQL Sever 2005 为后台数据库支撑，借助 Visual Studio 2010 和 Matlab 2010b 进行数值仿真与可视化输出，实现了锻压装备设计过程中期望性能辨识、行为性能均衡、结构性能适配与预测性能评估等操作。该系统目前应用于某大型锻压设备生产企业产品设计中，规范了企业产品研发管理，显著提高了企业的设计效率与产品的性能水平，取得了良好的效果。

12.3.2 系统的应用背景与体系架构

1．系统的应用背景介绍

当前市场竞争日益激烈，制造企业越来越重视创新能力与产品的市场竞争力。产品的设计决定了产品的先天条件。可以说，好的产品是设计出来的，特别是目前我国大力发展创新驱动与提质增效的制造业改革，因此如何设计出市场认可的有价值的产品是制造行业关注的重点。把脉企业设计部门的设计流程，发现目前企业设计多以仿制方式的反求设计为主，且设计流程杂糅冗余，并不利于其创新发展，具体表现在以下几方面。

（1）产品性能设计流程。锻压装备生产企业的研发模式为小批量定制方式。为了加快设计进度，企业多采用先反求设计，再进行设计迭代更改的方式对关键性能进行改进与优化。但这种设计流程的创新能力较弱，对以往的设计知识缺乏有效利用，从而导致产品设计效果不佳、性能无法验证等问题，最终影响企业的市场竞争力。

（2）性能特征融合。性能是产品保持核心竞争力的关键。锻压装备零部件数量庞大，子系统耦合，应用环境极端，在多工况条件下保持产品的优良性能是企业关注的焦点。目前企业设计部门对如何提高产品的性能还缺乏系统性的方法，多是在设计后期仿真阶段发现问题再进行重新改进设计，无形中增加了设计的复杂性与冗余性。

（3）基础数据管理与维护。在大数据时代，产品的数据是宝贵的财富。设计知识可以为新产品开发提供技术支持，产品运行数据可以揭示产品的缺陷，维修数据可以表征产品故障的原因，因此有效的数据管理与维护值得企业给予足够的重视。

2．系统的体系架构介绍

ZJU-IPPDS 系统面向锻压装备早期性能设计过程，主要实现锻压装备关键部件特性转换的期望性能辨识，实现锻压装备关键部件粒化过程的行为性能均衡，实现锻压装备设计约束满足结构性能适配，实现锻压装备可信分析的预测性能评估。因此 ZJU-IPPDS 系统主要包括基础数据管理、期望性能辨识、行为性能均衡、结构性能适配及预测性能评估五大模块。在该系统中，基础数据管理模块将锻压装备全生命周期的多源异构数据如设计知识经验、运行数据、仿真分析数据、物理样机测试数据等进行储存、管理与维护；期望性能辨识模块通过对输入的用户需求进行分析，融合产品结构反馈信息计算关键部件的性能重要度；行为性能均衡模块通过对已有锻压装备整体结构进行分析，合理获取行为性能均衡的原理单元；结构性能适配模块根据设计约束实现产品功能—结构自动化的映射并提取行为性能最优设计方案；预测性能校核模块对整机关键性能参数进行可信分析，有利于设计者在早期对产品进行有效设计。ZJU-IPPDS 的体系结构如图 12.60 所示，其登录界面与工作主页面如图 12.61 与图 12.62 所示。

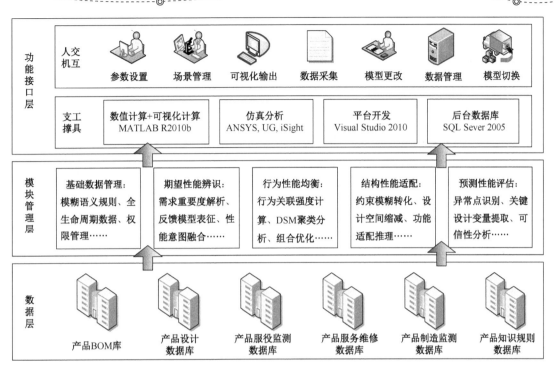

图 12.60　ZJU-IPFDS 系统集成平台体系结构图

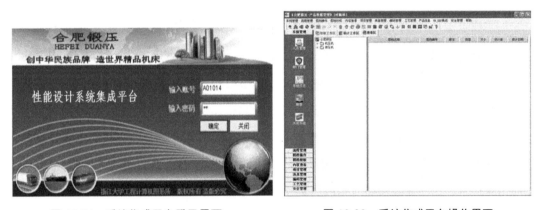

图 12.61　系统集成平台登录界面　　　　图 12.62　系统集成平台操作界面

12.3.3　系统集成平台主要功能模块设计与实现

1. 基础数据管理模块

基础数据管理模块是复杂产品性能增强设计集成系统实施的基础，主要通过对产品设计过程所涉及的基础数据进行有效的管理，主要功能包括权限数据管理、图档数据管理、编码数据管理、设计数据管理和产品服役数据管理等。

1）权限数据管理

权限管理可以对不同角色的用户限定其使用的系统功能，其操作人员的权限分配界面如图 12.63 所示。权限管理主要通过对用户定义、系统功能定义及权限维护实现操作人员菜单一级的权限分配与回收，同时可以添加新的操作人员或者删除已有的系统人员，如图 12.64 所示。

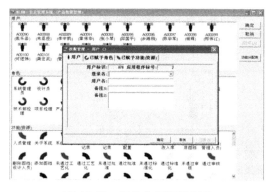
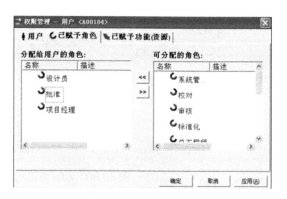

图 12.63　操作人员权限分配　　　　　　图 12.64　权限分配与回收

2）图档数据管理

产品性能设计过程中涉及大量的图纸与文档资料，这些资料不仅是已有设计知识的总结，更是产品设计的数据参考来源，因此需要对其进行统一管理。图档数据管理通过对工程设计的各类图纸与文档进行扫描、归类与存储，融入了"寓管于用"和"档案资源化"理念，强调资源安全的同时注重资源获取的简易快捷与易用性，辅以强大的消息提醒、信息通信等技术，保证各过程环节和成员交互高效流畅。图档管理包括图文档的上传、校对、浏览、审核、打印、下载等功能。图 12.65 所示为液压装备关键零部件的上传界面，图 12.66 所示为对关键零部件的审核查询界面。

3）编码数据管理

编码数据管理功能主要包括对编码规则的新建、维护与生成。通过建立并维护设计过程中各类图档编码规则，并根据规则提供编码生成器进行编码的自动生成向导，提高

了图档代码的生成效率与准确性。液压装备零部件的码段定义与维护界面分别如图 12.67
和图 12.68 所示。

图 12.65　数据上传界面

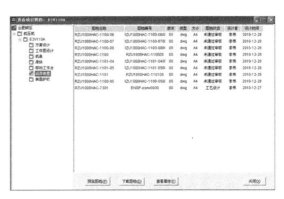

图 12.66　零件审核查询界面

图 12.67　码段定义界面

图 12.68　图档数据维护界面

4）设计数据管理

产品性能设计过程的数据包括需求采集数据、历史物理结构实例数据、产品约束定义
数据和设计时间管理数据等。根据数据的精确属性，可将其划分为模糊型数据与确定型数
据两大类，模糊型数据如需求采集数据以区间、语言变量等形式表征，确定型数据则可以
直接用来进行相关的计算。在设计前端对设计过程需要的数据进行归类并提取，生成产品
设计方案说明书，如图 12.69 所示，这样可以为性能设计的后续环节提供指导；同时根据
项目计划对设计的各个环节进行时间管理，从而保证设计过程的时效性，项目管理界面如
图 12.70 所示。

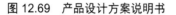

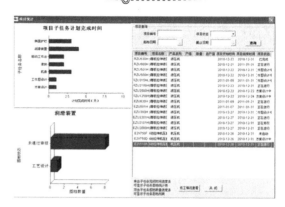

图 12.69　产品设计方案说明书　　　　　图 12.70　设计过程进度管理界面

5）产品服役数据管理

通过对产品服役数据的分析可以有效地发现已有产品的缺陷并对产品设计过程中存在的缺陷进行规避，产品服役数据管理通过对已有类似产品的历史服役运行状态数据和维护状态数据进行管理，指导当前产品在设计过程中的相关计算。产品服役数据的采集可以通过传感器、服务日志、用户输入等方式实现，产品服役数据查询界面与产品服役数据管理界面如图 12.71 和图 12.72 所示。

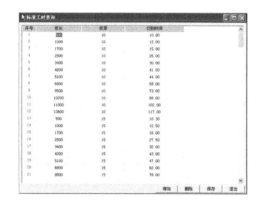

图 12.71　产品服役数据查询界面

图 12.72　产品服役数据管理界面

2. 期望性能辨识模块

期望性能辨识模块的开发是基于提出的技术与方法进行的，主要包括用户需求的获取与分析、关键需求映射与处理、性能意图提取（此处介绍略）及期望性能重要度修正管理。该模块通过对企业的合同文件、客户档案及服役数据进行分析，采用融合计算对性能需求进行辨识，便于指导整机设计过程。

1）用户需求获取与分析

根据锻压装备工作的环境、锻件的精度、产品的寿命等不同的要求，锻压装备在产品设计过程中的性能需求也不尽相同。较高的精度要求对装备的控制过程有一定的约束，导致其零部件的设计域不同，因此性能需求的获取与分析是精确性能设计的基础。由于锻压装备产品型号较多，不同类型的锻压装备需求参数也有所不同，为了提高需求参数分析的效率，提供了性能需求参数定义功能，其操作界面如图 12.73 所示。图 12.74 所示为用户需求参数进行获取与信息存储维护的操作界面。

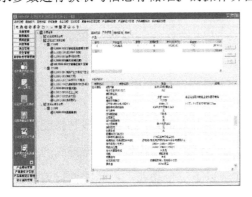
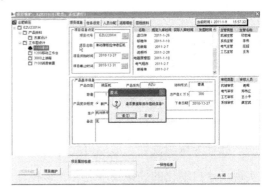

图 12.73　需求参数定义　　　　　　　图 12.74　需求参数维护

2）关键需求映射与处理

在获取锻压装备的性能需求后，需要对带有模糊性、不完备性和不精确性的需求数据进行处理，同时应用质量功能展开等方法对性能需求数据进行正向映射，以获取锻压装备正向目标性能重要度。重要度分析是产品设计前端一个极其重要的设计步骤，对后续设计的方向指导有着深远的影响，图 12.75 所示为需求信息分类界面，主要用于对需求数据进行处理，用于后续重要度计算。图 12.76 所示为重要度计算界面，通过对相关数据进行融合计算获取相关需求的重要度。

3）期望性能重要度修正

期望性能重要度修正需要对性能参数的影响进行分析，同时需要考虑产品零部件在企业中的使用频次，从而对目标性能有一个全面的定义。在设计前端全面地分析计算期望性能可以为后续产品性能设计提供准确的指导，提高设计质量。图 12.77 所示为性能参数属性分析，主要用来对期望性能所对应的性能参数进行分类总结。图 12.78 所示为性能参数所对应的零部件的使用频次统计界面。

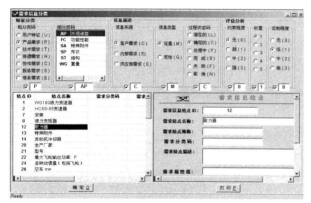

图 12.75　性能需求信息分类

图 12.76　重要度计算

3．行为性能均衡模块

行为性能均衡模块是基于第 3 章提出的方法与技术开发的，用于面向多种性能指标均衡的产品行为解耦规划，形成可配置的行为单元用于后续产品结构设计，是提高产品柔性与实现设计自动化的关键技术之一。该模块主要实现以下三个功能：产品零件行为特性维护、零件关联特性处理和产品单元模块管理。性能参数属性分析见图 12.77，零部件使用频次区间统计见图 12.78。

图 12.77　性能参数属性分析

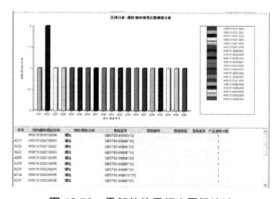

图 12.78　零部件使用频次区间统计

1）产品零件行为特性维护

产品零件行为特性是解耦规划分析的数据基础，为产品零部件之间的耦合关系处理提供依据。在产品设计早期，需要由设计专家通过系统对锻压装备的各个零部件数据进行维护与定义，为后续设计提供数据来源。图 12.79 所示为零件行为数据维护界面，用来对零件行为结构进行维护。图 12.80 所示为零件行为特性定义界面，为产品零件之间的关联关系分析提供相关知识。

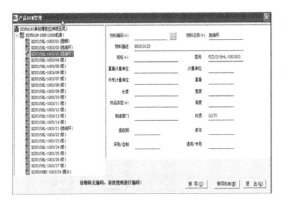

图 12.79　零件行为数据维护界面

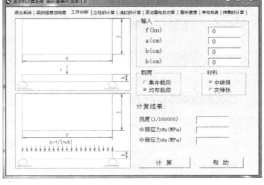

图 12.80　零件行为特性定义界面

2）零件关联特性处理

零件关联特性处理主要通过对前面获取的特性数据进行分析，对模糊数据进行去模糊化等操作，以得到较为准确的零件关联特性信息用于产品解耦规划。图 12.81 所示为零件关联特性分析界面，可以通过对零件特性的选择和匹配等操作将需要关联的零件进行分析。图 12.82 所示为模糊数据转化处理规则界面，主要用于对模糊数据进行分布式估计处理。

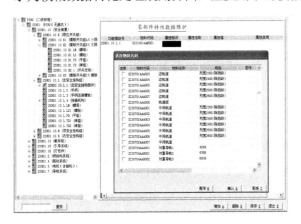

图 12.81　零件关联特性分析界面

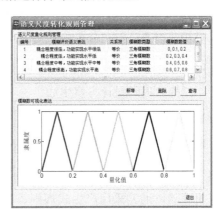

图 12.82　模糊数据转化处理界面

3）产品单元模块管理

产品单元模块管理对解耦规划生成的模块单元进行储存、预览和重用等操作，作为标准件用于锻压装备的结构设计过程中。产品单元模块信息是锻压装备柔性生成的依据，能有效地保存与重用单元信息，也可以提高企业的生产效率。图 12.83 所示为标准单元信息的操作界面，可以对单元信息的相关属性进行定义。图 12.84 所示为单元的预览界面，可以实现对产品单元模块的可视化操作。

图 12.83　标准单元模块属性定义

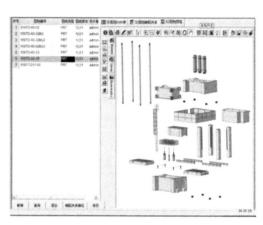
图 12.84　单元模块方案预览

4．结构性能适配模块

结构性能适配模块多应用于方案结构设计阶段，根据第 4 章提出的技术，用于在约束环境下实现功能与结构的映射及结构适配，生成结构性能较优的方案供设计者选择。功能—结构映射是计算机辅助概念设计中极为重要的一项关键技术，其利用计算机的优点帮助设计者搜索庞大的设计空间，从而提高设计效率。该模块主要的功能包括约束规则管理、功能—结构映射和设计方案生成。

1）约束规则管理

锻压装备设计约束规则管理是依据目标性能辨识环节中的重要度分析结果，对产品功能设计中所需要定义的各类约束条件进行管理，可以对约束规则进行形式化表达，以便于计算机存储，通常采用产生式规则、变量属性定义、约束公式编辑等方式实现。图 12.85 所示为锻压装备设计约束规则输入与生成界面，便于设计者对设计约束进行保存。图 12.86

所示为设计约束属性定义界面，便于设计者对设计约束进行传递与分析。

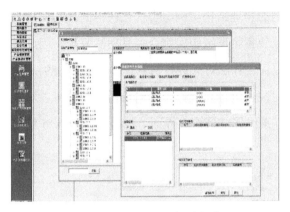

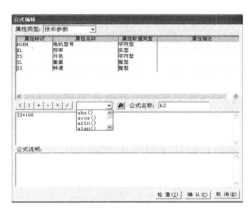

图 12.85　设计约束规则生成　　　　　　　图 12.86　设计约束属性定义

2）功能—结构映射

功能—结构映射是通过对功能与结构属性特征的相似度进行分析，从而获得与功能相匹配的结构实例。锻压装备由于具有产品系列化、同质化、多样化的特点，因此在其产品设计中更加需要功能—结构映射的支持，便于对已有产品数据的使用。图 12.87 所示为功能结构属性定义界面，用于对产品功能结构属性特征进行维护，保证数据的准确性。图 12.88 所示为功能结构映射结果输出界面，可以生成 CAD 模型以实现二维图纸呈现。

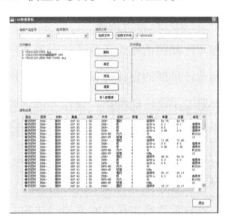

图 12.87　功能结构属性定义　　　　　　　图 12.88　功能结构映射结果输出

3）设计方案生成

设计方案生成主要是通过对功构映射得到的物理结构实例组合优化获得的，其依据为生成具有较优结构性能的设计方案。由于锻压装备物理结构实例众多且功能复杂，因此设计方案生成是一个组合爆炸式问题，需要采用优化算法对其进行仿真计算。图 12.89 所示为加载优化算法代码界面，通过对优化算法封装，只需要选择合理的目标函数就可以对实际问题进行优化计算。图 12.90 所示为设计方案优化结果输出界面，根据最优 Pareto 解反向获取性能较优的设计方案。

图 12.89　加载优化计算

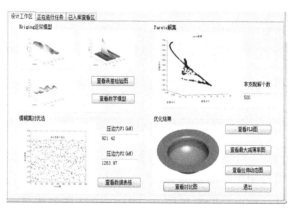

图 12.90　设计方案优化结果输出

5. 预测性能评估模块

预测性能评估模块开发是基于第 5 章的研究内容，创新性地对已有数据进行综合利用，对产品设计早期的设计方案的关键性能进行分析，可以有效地规避不满足性能要求的设计结果。通过预测性能校核，设计者能够对自己所关心的性能参数有一定的直观认识，提高了设计效率与设计质量。该模块主要包括性能参数管理与性能参数分析两个功能。

1）性能参数管理

预测性能评估对数据的精确性有一定的要求，这样才能保证模型的准确性，因此有效的性能参数管理是实现性能预测评估的关键步骤。图 12.91 所示为性能参数评估功能界面，通过对存储的性能参数样本进行校核，去除异常点，可以提高样本的准确性。图 12.92 所示为某型号锻压装备工艺性能的数据管理界面，通过对此类数据进行有效的分类集成，提高了样本数据的可读性与友好性。

图 12.91　性能参数评估功能界面　　图 12.92　性能参数数据管理界面

2）性能参数分析

性能参数分析主要通过对已有性能数据建模，从而对关注的性能参数进行综合预测，得到在特定工作条件下性能参数的估计值。图 12.93 所示为性能计算公式维护界面，可对显式的公式进行输入、修改、查错及维护等操作。图 12.94 为性能参数分析预测界面，可对特定产品的性能参数进行分析，由于产品的特殊性，因此该界面的开发具有一定的定制性与针对性。

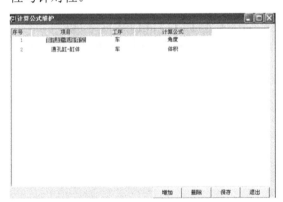

图 12.93　性能计算公式维护

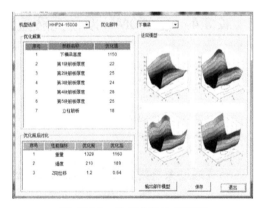

图 12.94　性能参数分析预测

6. 系统安全管理模块

系统安全管理模块主要考虑用户信息安全，通过信息加密机制对系统的安全管理实行多种保护，同时可以根据企业的实际需求对系统的通信层、数据层与功能层进行跟踪保护，最大限度地避免静态与动态攻击。

根据企业对产品保密程度的不同，可以选择对某产品的资料进行加密管理，使其不被一般的系统用户共享，只有在经过申请后，特定的用户才能查看该产品相关资料，该功能界面如图 12.95 所示。系统安全管理模块以角色、功能、用户授权为约束，建立了基于授权约束的冲突检测规则，使只有通过权限管理系统使用人员调用的资源才允许操作，操作界面如图 12.96 所示。

图 12.95　项目加密管理

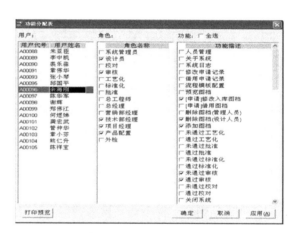

图 12.96　用户权限设置

12.3.4　在 150MN 双动充液拉深液压机装备设计中的应用验证

将系统集成平台应用于合肥锻压公司的 15 000 吨 HHP24-12000/15000 型双动充液拉深液压机产品设计早期性能设计，对关键部件进行期望性能辨识、行为性能均衡、结构性能适配及预测性能评估，以提高液压机整机在设计过程中的性能，液压机的实际模型如图 12.97 所示。

首先通过系统集成平台采集用户对液压机特定工况下的需求数据，由于设计早期的模糊不确定性，用户通常以语言变量等方式输入相关数据见表 12.5。

表 12.5　HHP24-12000/15000 型双动充液拉深液压机部分用户需求数据

需 求 类 型	需 求 描 述	取　　值
快锻频次	既能实现高频次压下，又不引起冲击与振动	很重要
机组化	配备操作机，提高生产效率	重要
轻量化	在保证强度与刚度的条件下，整机质量较轻	比较重要

续表

需求类型	需求描述	取　值
结构框架	采用全预紧结构承载框架	很重要
导向精度	采用多边形立柱与平面导向技术	重要
锻件尺寸精度	锻件尺寸精度控制在 1mm～3mm	很重要
组合结构整体性	较好的整体性能	重要
使用寿命	在多工况下具有较好的寿命周期	比较重要

图 12.97　HHP24-12000/15000 型双动充液拉深液压机实体模型

　　根据需求数据，对关键部件的性能重要度进行分析，便于为功能设计提供较为准确的参考依据。以液压系统为例，在实际拉伸成形运动过程中，由液压系统驱动的滑块的方式工作为：空程下行—减速接近工件—平缓加压—锻造压下—减速停止—平缓卸压—回程—回程减速停止。由于滑块的突然停止产生的超程量会影响液压系统精度，如图 12.98 所示，因此需要在设计过程中考虑以历史产品的运行信息为依据对液压系统的期望性能进行分析，减少设计早期模糊不确定性带来的主观影响。以液压系统部分期望性能为例，采集液压系统运行的性能参数运行数据，构建性能演化闭环模型，按照对液压系统的期望性能进行解析计算，得到修正前后的期望性能重要度，如图 12.98 所示。从图中对比可见，响应速度和调速范围这两个目标性能具有较大的差异，经过分析发现这是由于液压及在实际运行过程中存在超程影响及液压机多工况的工作环境导致的。

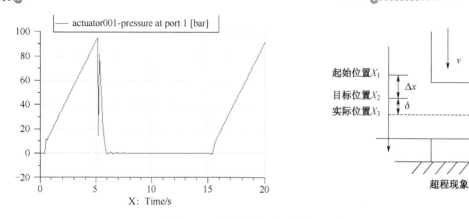

图 12.98　压力瞬态冲击与超程现象

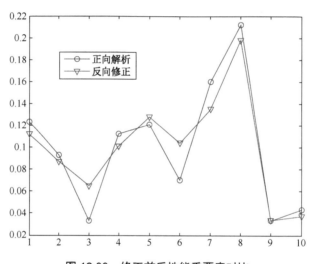

图 12.99　修正前后性能重要度对比

　　单元化结构由于具有快速满足用户适用性需求、便于产品配置映射及提高设计效率等优点，充液拉深液压机在产品设计过程中通常会考虑对相关的零部件进行适当的单元设计以提高产品行为性能均衡性。拉伸液压机部分零部件关联约束关系见表 12.6。零部件之间的关联关系通常是人为定义的，由于设计前端的不确定性，其约束关系的计算常常具有随机不准确的特点，而耦合关联强度的精确估计是准确划分单元的前提。根据液压机整机零部件的行为关联关系，其三维模型与爆炸图如图 12.100 所示，采用第 3 章的方法对液压机整机的零件之间耦合强度进行估计并组合规划，得到行为性能较为均衡的单元方案。基于单元规划前后的数值对比可以发现，在保持产品单元性能不变的前提下，整机的维修性能与运行性能都有一定程度的提高。

表 12.6　150MN 双动充液拉伸液压机部分零部件关联约束关系

同 轴 约 束	角 度 约 束	贴 合 约 束	固 定 约 束
缓冲缸活塞—缸体	滑块—工作台	立柱—上横梁	下横梁
工作缸活塞—缸体	工作台—下横梁	立柱—下横梁	围栏—上横梁
顶杆—液压垫	缓冲缸—滑块	滑块—导轨	扶梯—上横梁
顶出缸—工作台	工作缸—滑块	缓冲缸—上横梁	导轨—立柱

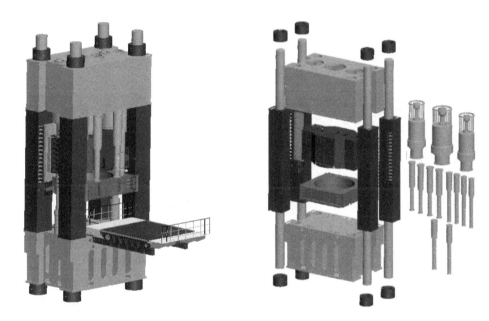

图 12.100　150MN 双动充液拉伸液压机组合框架三维模型与爆炸图

对整机期望性能进行分析，可根据具体的需求，采用质量功能展开的方法定义技术约束参数并编排设计说明书用于结构设计。以液压机本体为例，其技术参数见表 12.7。由于设计早期的模糊性，技术特征参数存在以区间、语言等不确定的方式表征。

表 12.7　HHP24-15000 型双动充液拉深液压机部分技术参数

参 数 名 称	取　　值	参 数 名 称	取　　值
组合框架结构	是	拉伸滑块回程速度	70mm/s
压边力	30000kN	拉伸滑块慢回速度	2～15mm/s
工作台面尺寸	4500mm×4500mm	压边缸压力控制精度	±0.1MPa
开口高度	2200～2500mm	拉伸滑块行程	1000～1500mm

续表

参 数 名 称	取 值	参 数 名 称	取 值
滑块行程	1500mm	拉伸滑块工作速度	1～5.5mm/s
锻造速度	10～1000mm/s	拉伸滑块位移控制精度	较高
压制速度	2～5mm/s	拉伸滑块工作速度精度	5%左右
滑块回程速度	25～150mm/s	拉伸缸压力控制精度	±0.1MPa
移动工作台速度	20～110mm/s	拉伸滑块快速下行速度	80～100mm/s

液压机本体是液压机的承载部分，其关键模块包括下横梁、上横梁、立柱、拉伸滑块、压边滑块、拉伸主油缸、拉伸侧油缸、拉伸回程缸、压边活塞缸、压边柱塞缸及液压系统等。通过分析模糊相似度进行推理并进行结构组合适配，得到符合约束条件的、具有较优结构性能的液压机本体设计方案，其模型如图 12.101 所示。

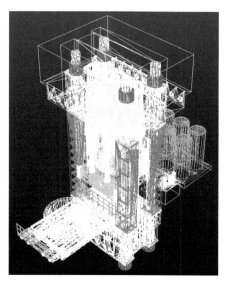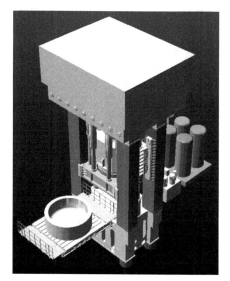

图 12.101　HHP24-12000/15000 型双动充液拉深液压机设计方案

对最终的设计方案进行预测性能评估有助于提高液压机在设计早期的设计质量与效率，同时可以对不满足性能阈值的关键性能进行再分析，避免了冗余迭代的发生。由于采集数据与预测模型存在不确定性，为了提高预测的稳健性，需要从数据样本、拟合模型及预测结果三个角度进行改进，从而消除不确定等因素带来的不利影响。以液压机全预紧框架整体性的预测性能评估为例，对其性能进行回归拟合并选取 8 个测试样本进行分析，其开缝系数的预测结果见表 12.8，说明了拟合模型具有较好的预测性能。为了验证该方法的有效性，采用 Ansys 仿真分析对组合框架进行模态分析，其结果如图 12.102 所示。

表 12.8　开缝系数预测结果

样 本 序 号	实 际 值	预 测 值	相 对 误 差
1	1.923	1.9834	3.14%
2	1.842	1.8656	1.28%
3	1.976	1.9365	1.99%
4	2.319	2.2096	4.71%
5	2.245	2.2178	1.21%
6	1.982	1.8265	7.84%
7	2.478	2.2921	7.50%
8	1.852	1.7621	4.85%

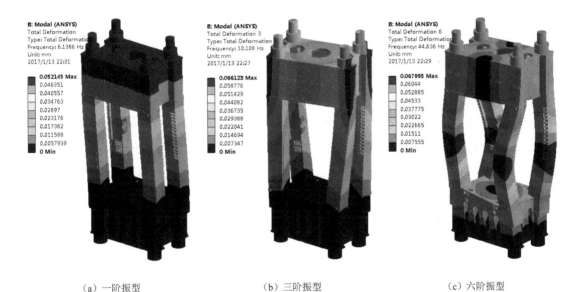

（a）一阶振型　　　　　（b）三阶振型　　　　　（c）六阶振型

图 12.102　150MN 双动充液拉伸液压机组合框架模态分析部分结果

通过实例应用可以发现，与传统的性能设计方法相比，本方法从设计初期就以性能作为目标展开，从期望性能的精确获取，行为性能的最优均衡，结构性能的全局满足到预测性能的可信评估，以性能的演化过程为基础，能够在产品设计早期减少由于设计人员认知性不足带来的模糊不确定的影响，提高了设计效率与设计质量，并有利于计算机辅助概念设计的实现。

12.4 大型空分设备质量控制系统集成与实现

12.4.1 引言

在进行空分设备质量控制研究的同时，围绕国家自然科学基金重点项目"复杂机电产品质量特性多尺度耦合理论与预防性控制技术"（50835008）、国家 863 高技术研究发展计划"面向国产重要装备与典型产品的快速响应客户的产品开发平台及应用"（2007AA04Z190）、国家 973 重点基础研究发展规划"复杂空气分离类成套装备超大型化与低能耗化的关键科学问题"（2011CB706500）等理论和应用课题，将科研成果应用于杭州杭氧集团的大型深冷式空分设备的质量控制信息化平台的开发中，解决了企业的部分技术难题，显著提高了杭氧集团的空分设备质量、降低了成本并加快了产品交货期，促进了该企业技术上的进步与管理上规范。该信息化平台在 Windows XP 操作系统下以 C/S 结构运行，利用数据库编程软件作为前台开发工具，以 Microsoft SQL SERVER 数据库作为后台支撑，并借助 Matlab 与 OriginPro 等数值分析与可视化处理工具为空分设备质量控制提供直观的参考。

本节首先介绍了科研项目的实施背景，分析了企业在空分设备质量控制过程的现状，在此基础上，根据企业实际情况制定了相应的系统实施方案；详细地介绍了空分设备质量控制系统的体系架构，以软件工作图来说明主要功能模块的用途和使用方法。

12.4.2 系统的应用背景与实施策略

1. 系统的应用背景

若工业和医疗所使用的气体是"社会的血液"，大型空气分离成套装备则是社会发展的"造血装备"。《国家中长期科学和技术发展规划纲要（2006—2020 年）》指出：成套装备与系统的设计验证技术、基于高可靠性的大型复杂系统和装备的系统设计等列为先进制造技术需重点突破的内容。因此，研究如何提高空分设备的质量关系到国民经济发展的命脉。国外技术上的封锁，设计层面的技术依赖，国外大型空分装备制造商纷纷占领中国市场，运输等客观条件对设备大型化构成限制等一系列的问题都制约着我国空分设备的自主研发。

　　为提升我国大型空气分离成套装备的自主创新能力和核心竞争力，国家科技部审议并通过"复杂空气分离类成套装备超大型化与低能耗化的关键科学问题"基础重点研究计划。作为课题的责任单位，浙江大学、华中科技大学、西安交通大学、大连理工大学、东北大学和杭州杭氧集团等国内知名高校和专业生产企业联合开展了集空分设备设计、制造、优化和质量控制等学术内容为一体的空分设备研发系统，课题组所研发的质量控制平台对于提高各个部机的质量及空分设备自身的总体质量，对于提升综合国力和关键装备的独立研发能力，都具有非常深远影响和重要的实践意义。

　　杭州杭氧集团在企业数字化质量控制方面已经具备有一定的基础和实力，较早地将数字化设计技术应用于产品的研发过程，产品研发部门有效地应用了 SIEMENS UG、CATIA、SolidWorks、AutoCAD、HyperWorks、Ansys、DesignLife、CAXA、Nastran、Patran、ADAMS、Pro/Engineering、Gibbscam、Vericut、Mastercam、Moldflow 等计算机辅助设计分析软件。在研发部门、采购部门、销售部门、仿真优化部门等也采用了数字化信息管理系统进行辅助管理。然而，面对当前波诡云谲的市场环境和产品定制程度深化趋势的增强，以及受到日新月异的数字化设计、制造及管理等大量新技术的影响，企业在客户需求的分析与处理、产品研发、加工制造等实际过程中均呈现出了一些不足，主要体现在以下几方面。

　　（1）质量实现水平的规划及管理不善。空分设备是特殊设备，对各项质量要求极高。企业现有的质量策划范围仍仅局限在产品详细设计阶段和车间工序加工制造阶段，在质量信息的规划化、质量策划和监控的自动化、市场引导的个性化及产品质量需求的满足等方面还存在严重不足，以至于影响产品的质量适应性和市场竞争力。

　　（2）各个部机模块的组成和粒度管理欠缺。空分设备各个部机的模块化程度非常高，在交互性质量或可替换质量更迭的控制过程中，对模块实例的重用性要求很高。但是，企业缺乏相应的模块库和结合面库信息体系系统来辅助质量管理人员来完成这项工作，这就势必导致空分设备质量控制资源的利用率大打折扣。

　　（3）质量控制资源的整合力度不够。目前空分设备的研发过程复杂、研发周期漫长，涉及销售部门、设计部门、管理部门、质量检验等多个业务部门，因此，整个设计流程必然需要设计人员及相关部门协同配合工作以完成任务。但是，企业现有的设计流程管理仍然依靠人为分配与监控的手段来实现，无法满足设计团队对设计信息的规范化、任务分配的自动化及进度监控的实时化方面的基本需求。

（4）供应链的管理。对于空分设备而言，供应商在产品研发过程中发挥的作用极为重要。企业缺乏对供应商在供货过程中所提供的零部件质量信息、交货期信息、成本信息和相关的技术文件信息等信息的全面管理。

在详细、周密的调研和深入分析的基础上，以"复杂空气分离类成套装备超大型化与低能耗化的关键科学问题"重点基础研究发展规划为纲要，开展了大型空分设备全面研发工作，通过引入新颖的思想和方法，运用智能化、协同化手段作为工具，提升项目实施单位的综合竞争力和研发能力。结合空分设备的研发所遇到的具体问题，设计开发了空分设备质量智能化、协同化控制系统——HY-ASEQCS（Air Separation Equipment Quality Control System）。

2．HY-ASEQCS 数字化质量控制系统的规划蓝图

根据杭州杭氧集团股份有限公司的实际情况，为杭州杭氧集团股份有限公司开发了专用的质量控制数字化系统。该数字化质量控制系统集成平台具有以下特点。

（1）对空分设备生命周期内的各方面进行了研究，建立了行业标准与规范，进而协调企业内部、外部有形和无形的全面的合作。

（2）规范了产品质量信息管理，通过对客户需求、合同文本、技术文档、质量文件及远程监控等信息的获取、分析和管理，实现对客户需求信息与空分设备质量特性的提取。

（3）构造了基于多尺度、多维度、多目标的空分设备质量控制产品模型，以模块化质量控制为核心思想。在此基础上进行拓展，建立空分设备各部机模块的系列化质量数据通用化模型。

（4）规范了空分设备基础数据，对空分设备主要部机涉及的数千种零部件进行数字化编码，实现了对零部件的统一管理。

（5）建立了零部件级、模块级、部机级、成套设备级等多个尺度质量数据库和各尺度的设计资源库、质量控制知识库。

通过数字化质量控制系统 HY-ASEQCS 的应用，杭州杭氧集团股份有限公司提高了各类客户的满意度，降低了各种型号产品的成本，减少了各种型号产品的交货期，明显提高了企业的整体管理水平。

12.4.3　HY-ASEQCS 系统的体系与功能模块

1. 系统的体系结构

HY-ASEQCS 系统主要包括客户需求管理、空分设备质量特性管理、空分设备模块构建和粒度管理、供应链与零部件管理、供应商管理、空分设备装配质量管理、质量优化管理、质量过程管理、质量控制方案的评价与选择管理、系统安全管理及企业业务流程等多个功能管理模块。

在 HY-ASEQCS 数字化质量控制系统中，通过客户需求信息管理，采用逐步分解与转化等方式来获取空分设备的质量控制需求。

基于客户需求的基本信息，分析推理空分设备的质量特性实现水平并对空分设备的质量进行控制与分析。

基于项目任务管理和工作流程管理，进行空分设备项目的整体质量方案规划、图档文档规划及工艺规划。

以空分设备零部件质量可靠性数据、成本数据、交货期数据为底层支持，进行空分设备的供应链和模块化管理。

在取得对已有的各种型号空分设备质量控制的经验和管理知识的基础上，开展超大型（12 万立方米/小时）深冷式空分设备规划来提高质量。

基于质量控制过程管理，实现对 HY-ASEQCS 数字化质量控制的项目开发过程中的客户需求与质量特性映射、各种质量 BOM 的构建及工艺质量管理等进行有效管理。

安全与加密管理模块负责质量控制软件系统 HY-ASEQCS 整体的权限、用户、角色、功能控制与文件加密管理，确保系统安全可靠的运行。HY-ASEQCS 的知识体系结构如图 12.103 所示。

HY-ASEQCS 系统的实时质量监控业务模块和客户需求响应模块采用基于 Internet 实时方式，其他主要功能模块则是采用客户/服务器模式，系统登录验证界面如图 12.104 所示。

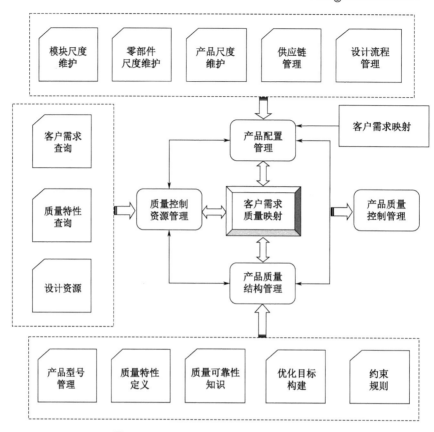

图 12.103 HY-ASEQCS 系统的体系结构

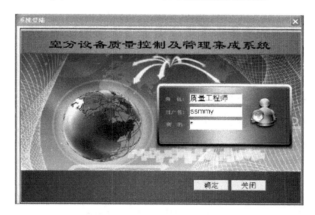

图 12.104 系统登录验证界面

经安全认证进入系统后，可以看到 HY-ASEQCS 的主界面，如图 12.105 所示。各个功能模块可以在主菜单或快捷菜单中找到。

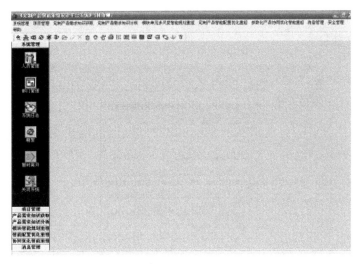

图 12.105　主操作界面

2．空分设备项目管理模块

项目管理模块是对新开发的空分设备产品或部机的立项、审核等流程进行监控，主要功能包括项目任务定义、项目合同管理、合同审批与维护、资源审定管理等。

1）项目任务定义

任务定义如图 12.106 所示，管理者选择一部分任务子集加入项目定义集合中，为任务的开展做必要的准备工作和相关的规范性工作。

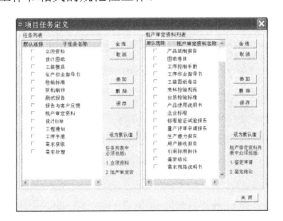

图 12.106　项目任务定义

2）项目合同管理

如图 12.107 所示，该模块用于管理合同的生成与监督过程，规范了企业新产品开发的流程和合同创建过程。

图 12.107　项目合同管理

3）合同审批与维护

如图 12.108 所示，该模块主要用于合同真正签署之前的监管，包括合同的维护、更改、废弃等。

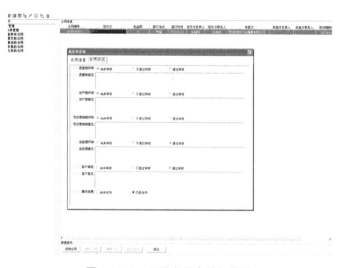

图 12.108　项目合同审批与维护

4）资源审定管理

如图 12.109 所示，资源审定管理主要用于质量控制资源消耗管理，包括物料领取申请、库存进出的审批等工作。

图 12.109　批产审定资料管理

3. 空分设备客户需求管理模块

空分设备需求的获取与分析是空分设备质量智能化控制的关键步骤，为空分设备的研发、制造等后续环节提供了基础。

客户需求的智能获取和处理子功能模块是一个非常重要的、关键性的、源头性的功能模块，主要用于获取空分装备各个部机设计、制作、回收、装配、拆卸、维修、维护、再利用等生命周期内多个关键环节所必需的信息，为空分设备的质量控制操作提供基础信息。

1）图文档管理

图 12.110 所示是空分设备质量控制与研发的图文档管理与维护的主界面。这一功能模块主要包括图档和文档的制作、图档和文档的递交、图档和文档的保存、图档和文档的加密、图档和文档的增减等功能。

图 12.110　图文档管理与维护的主界面

2）编码管理

空分设备中关键部机（如空气压缩机、透平膨胀机、换热器、净化器等）的编码管理子系统的主要功能是制定编码规则，大大减少了人工编码的烦琐性、不准确性等问题。

图 12.111 所示为空分设备各个部机、模块、零部件的编码规则管理界面，主要包括编码规则的生成、编码规则的修改、编码规则的增加、编码规则的删除和自动化编辑等多个功能。

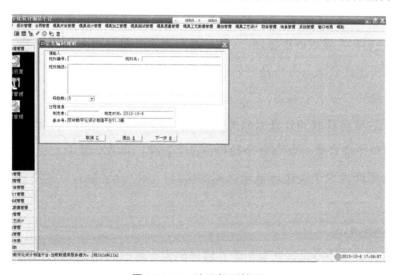

图 12.111　编码规则管理

　　图 12.112 所示为各关键部机的编码规则维护界面，主要包括空气压缩机、透平膨胀机、换热器的编码规则属性维护和码段信息维护等功能。

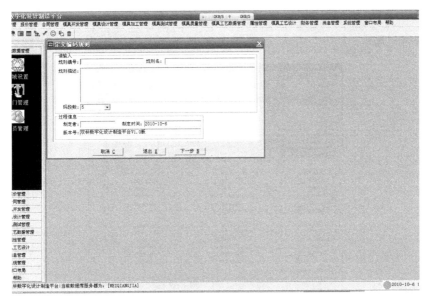

图 12.112　编码规则维护

　　图 12.113 所示为空分设备编码生成向导界面，主要进行各个码段的生成，如可选、常量和流水。

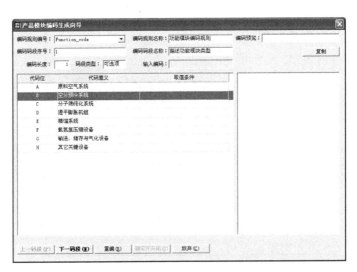

图 12.113　空分设备编码生成向导

3）空分设备需求的获取和处理

如图 12.114 所示，需求获取和处理模块主要是通过智能化手段获取空分设备的主要质量参数和客户需求。在此过程中，利用了 Vague 模糊数和模糊语义变量等现代化数学手段获得并处理客户需求。

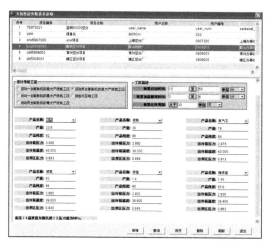

图 12.114　空分设备需求知识获取

如图 12.115 所示，系统建立了空分设备需求知识语义知识库，一切复杂的、不确定的需求均可通过知识检索来处理。

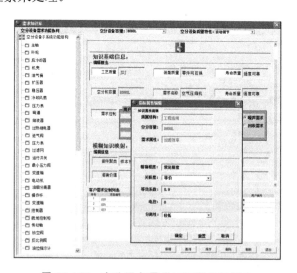

图 12.115　空分设备需求知识语义知识库

4）空分设备客户需映射与处理

如图 12.116 所示，各种类型的客户需求得到了有效分类与处理。通过对客户模糊的、不完备的、不精确的需求处理后，实现了空分客户需求的映射。客户需求重要度分析为质量特性映射和质量特性实现水平的确定提供有效的支持。

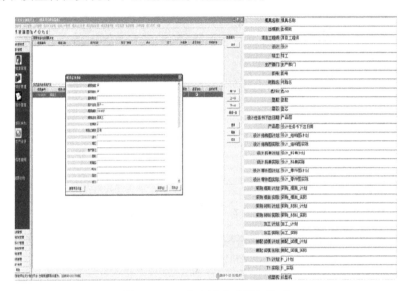

图 12.116　客户需求映射与处理

4．空分设备质量控制管理模块

产品质量控制管理功能模块主要包括质量特性优化提取管理、零部件编码管理、零件质量特性维护、标准模块管理及供应商管理等。客户需求的获取与分析以项目调研分析文件为基础，分析获得客户需求的重要度。

质量特性优化提取是指从大量客户需求参数中，通过映射转换计算，提取空分设备的关键质量特性，并计算其实现水平。

1）质量特性优化提取管理

质量特性优化提取用于提取空分设备质量的质量特性，操作界面如图 12.117 所示。

2）零部件编码管理

零部件编码管理为企业的零部件提供规范的、标准的、唯一的编码，主要包括编码规则和编码生成。编码规则功能用于制定编码规则并由设计人员对其进行维护。这个模块可帮助企业方便地建立、修改编码规则，如图 12.118 所示。

图 12.117　质量特性优化提取

图 12.118　编码规则维护

如图 12.119 所示，编码生成向导的操作界面根据编码规则，自动生成零部件的编码，提高编码效率，保证编码的唯一性。用户可以通过多种方式查询并获取零部件的具体编码和相关的编码信息。

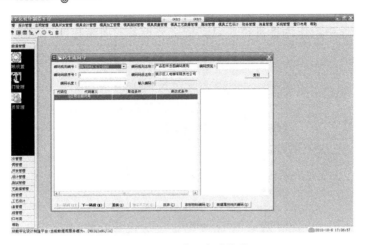

图 12.119　编码生成维护

3）零件质量特性维护

零件质量特性维护功能是实现产品功能结构模块与模块实例之间建立联系的纽带，主要包括零件质量特性定义和质量特定的关联处理，主要用于定义零部件的质量类别、质量标识、质量名称与质量可靠性值等，如图 12.120 所示。

图 12.120　零件质量特性维护

4）标准模块管理

标准模块管理主要根据多级部件标准化的模板进行分解，并将产品模块化信息保存在企业知识数据库中，作为标准模块以支持空分设备的质量控制。标准模块管理功能如图 12.121 所示。

图 12.121　标准模块管理

5）供应商管理

空分设备的多级供应链结构管理主要指通过对节点的增加、删除、复制等方式，建立各个零部件和模块的供需关系。该模块还提供单链式供应商管理功能、复链式供应商管理功能及多级链式供应商管理功能，如图 12.122 所示。

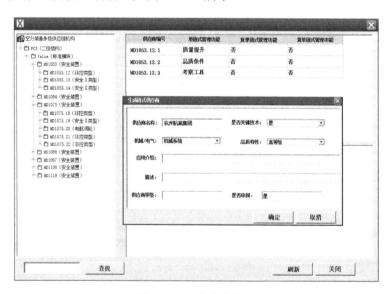

图 12.122　供应商管理

5．空分设备质量方案管理模块

空分设备质量管理功能模块主要包括产品型号管理、质量评价准则维护、设计约束规则管理及关键部机质量优化设计。

1）产品型号管理

产品型号管理主要用于记录和维护企业所有产品系列的属性描述，包括系列型号、产品名称、相关图档等属性。图 12.123 所示为产品型号管理的操作界面。

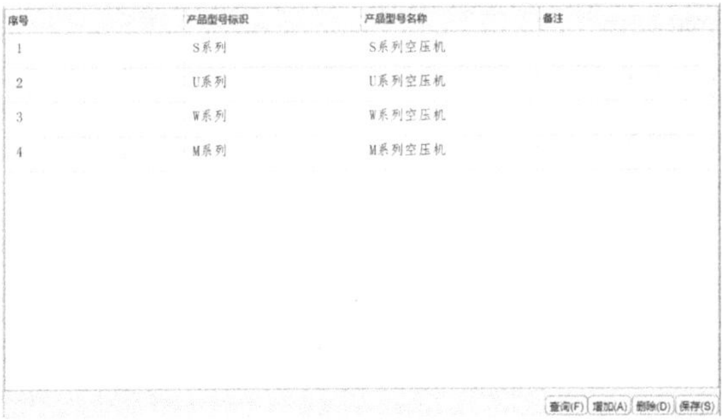

图 12.123　产品型号管理

2）质量控制参数维护

质量控制参数维护主要包括质量控制参数属性定义和质量控制参数取值设置。质量控制参数属性定义包括质量控制分类、质量控制名称、质量控制属性取值、质量属性数据类型等。质量控制参数取值设置用于限定参数取值的范围，操作界面如图 12.124 所示。

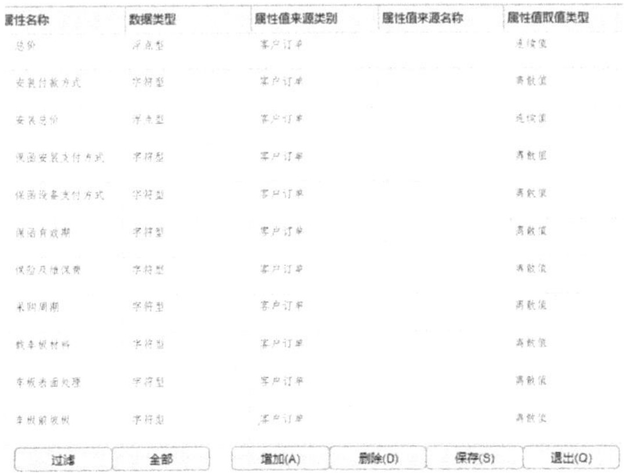

图 12.124　质量控制参数维护

3）质量控制约束规则管理

质量约束规则管理模块负责管理在质量空过程中产生的规则约束问题，图 12.125 所示为约束规则管理操作界面。

图 12.125 质量控制约束规则管理

4）质量控制协同优化决策管理

空分设备方案协同优化模块主要包括产品多目标优化计算，操作界面如图 12.126 所示。

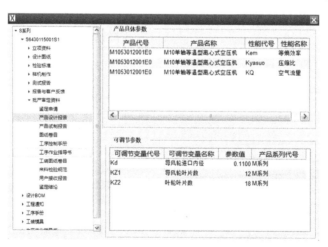

图 12.126 质量控制协同优化决策管理

5）空分设备质量 BOM 管理

空分设备质量 BOM 管理主要是建立物料之间的从属关系，包括物料的增加、删除、修改和查询等操作，操作界面如图 12.127 所示。

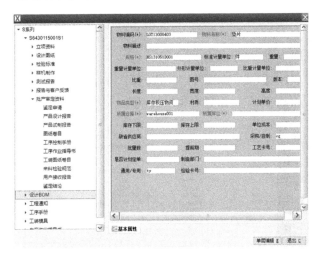

图 12.127　空分设备质量 BOM 管理

6）模块实例选配约束管理

模块实例选配约束分为缺省约束和自定义约束，在进行模块实例选配时，根据自身需要进行自定义挑选合适模块实例来选配，操作界面如图 12.128 所示。

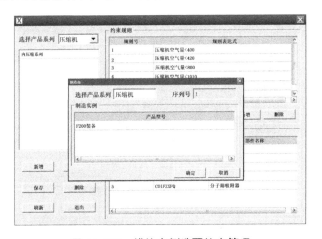

图 12.128　模块实例选配约束管理

7）质量控制方案优化选择

质量控制方案优化选择功能模块通过对空分设备各部机模块实例质量优劣的评选筛选出设备，操作界面如图 12.129 所示。

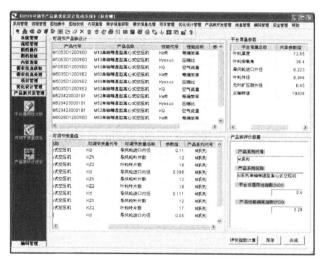

图 12.129　空分设备质量方案优选

6. 质量控制流程操作管理

质量控制流程管理模块用于对空分设备各部机的设计、制造、质量控制等过程的各个环节进行管理，操作界面如图 12.130 所示。

图 12.130　质量控制流程管理模块

7．系统安全管理

考虑到系统的安全问题，HY-ASEQCS 系统的安全管理采用多重保护和信息加密机制。系统安全管理模块对各个用户设置了相应的权限和角色。各个角色具有一定的权限，每个用户归属于某个角色，用户只能在其角色内进行一定的活动，不能超越权限进行其他工作。这样就保证了服务器的安全，界面如图 12.131 和图 12.132 所示。

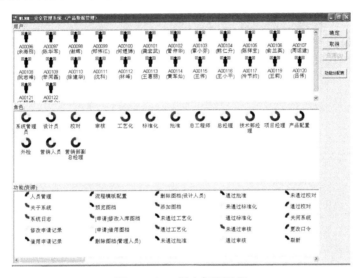

图 12.131　用户权限设置

图 12.132　用户的角色设置

　　以上图形化软件系统详细介绍了空分设备质量协同化、智能化控制系统信息平台的构建过程，结合企业实际情况，开发了一套数字化质量控制系统 HY-ASEQCS。该系统目前已在企业运行并得到了好评。此外演示了所研究的质量控制技术在企业生产中的具体成功应用，有效地增强了杭氧集团股份有限公司的开发设计能力，提高了空分设备的质量，取得了较好的应用效果。

　　从整个 HY-ASEQCS 体统的运行情况来看，本书所提出的方法得到了实践应用的有效检验，为面向质量的空分设备产品的研发提供了先进的、可行的新方法。

反侵权盗版声明

　　电子工业出版社依法对本作品享有专有出版权。任何未经权利人书面许可，复制、销售或通过信息网络传播本作品的行为；歪曲、篡改、剽窃本作品的行为，均违反《中华人民共和国著作权法》，其行为人应承担相应的民事责任和行政责任，构成犯罪的，将被依法追究刑事责任。

　　为了维护市场秩序，保护权利人的合法权益，我社将依法查处和打击侵权盗版的单位和个人。欢迎社会各界人士积极举报侵权盗版行为，本社将奖励举报有功人员，并保证举报人的信息不被泄露。

举报电话：（010）88254396；（010）88258888

传　　真：（010）88254397

E-mail：　dbqq@phei.com.cn

通信地址：北京市万寿路 173 信箱

　　　　　电子工业出版社总编办公室

邮　　编：100036